好老板是一所好学校

黄志坚◎著

中国致公出版社
China Zhigong Press

图书在版编目（CIP）数据

好老板是一所好学校 / 黄志坚著 . —— 北京：中国致公出
版社，2017

ISBN 978-7-5145-1046-1

Ⅰ . ①好… Ⅱ . ①黄… Ⅲ . ①成功心理—通俗读物
Ⅳ . ① B848.4-49

中国版本图书馆 CIP 数据核字 (2017) 第 122776 号

好老板是一所好学校
黄志坚　著

责任编辑：尤　敏　　卜艳明
责任印制：岳　珍

出版发行：中国致公出版社
地　　址：北京市海淀区翠微路 2 号院科贸楼
邮　　编：100036
电　　话：010-85869872（发行部）
经　　销：全国新华书店
印　　刷：中印联印务有限公司
开　　本：787mm×1092mm　　1/16
印　　张：15.5
字　　数：195 千字
版　　次：2017 年 7 月第 1 版　　2017 年 7 月第 1 次印刷
定　　价：39.80 元

版权所有，未经书面许可，不得转载、复制、翻印，违者必究。

向好老板学一身真本事，成就最好的自己

在曾风靡全国的电视综艺节目《中国好声音》中，有一个环节设计的很巧妙: 当四位导师遇到有潜质、有能力的歌手时,他们会使尽各种"手段"去打动这些歌手，说服他们加入自己"门下"。我们在节目中也可以看到，歌手们在选择导师时也都十分慎重，其实照理说，这四位导师中的每一位都是响当当的人物，跟着他们其中的任何一位，选手们都能够得到各方面的提升，这就涉及了"选择"这个问题。

同这些歌手一样，我们很多刚步入职场的新人也会面临各种各样的选择，选择一份好工作、选择一家好公司、选择一个好城市，这些选择几乎每个人都经历过。

我曾经在一所高校做过一项职业调查: 请你写下最能影响你选择工作的一个因素。发下去的几百份问卷收上来之后我发现 80% 的答案都是薪水，公司规模和企业文化占了 15%，而剩下的 5% 写的也都是一些诸如工作地点、工作性质之类的答案。

看到这些答案的时候我不禁哑然失笑，因为我没有看到想看的那个答案: 一

位好老板。为什么大家都没有意识到"好老板"的重要性呢？

中国有句俗话说，"兵熊熊一个，将熊熊一窝。"老板就如军队中的将领一样，将领的良莠能够直接影响每一名普通士兵的命运。

曾经有两个极具才能的年轻人，其中一个人追随了一位爱才惜才、为人谦和、信任下属的将领。而另一个人则跟了一个多疑、生怕下属的风头盖过自己的将领。两个人都是满腹才华，但是两个人的命运却迥然不同。前者官拜丞相，辅佐新君。而后者只做了个主簿，后来因为说了几句不该说的话，落得个被杀的下场。

想必大家也猜出这两个年轻人是谁了，第一位年轻人便是诸葛孔明，出山之后跟着刘备，建立蜀国，功盖三分国，名成八阵图。

第二位年轻人便是杨修，他跟在曹操手下卖命，因为在曹操撤军时对曹操说的"鸡肋"作了"食之无味弃之可惜"的解读，被曹操冠以扰乱军心的罪名戕杀。

对于古代的人才来说，选择一位好老板就是在给他们的人生下一次赌注，跟对了，一世皆赢；跟错了，满盘皆输。

而对于当今职场中的我们，选对老板还远远不够，还要把老板的真本领学到手。我们常说，职场是一个全新的学习环境。一个好老板不仅是我们的好领导，还是我们学习的好榜样。很多好老板都拥有值得我们学习的多方面的真本领。从这个角度看，好老板的重要性不亚于一所好学校。在一所好学校里，我们能学到多方面的知识与技能；在一位好老板身上，我们能学到多项足以帮助我们取得职业成功的真本领。

好老板是一所好学校。在好老板身上，你至少能学到 9 个方面的特别宝贵的职场经验。如果你想在数十年的职业生涯里始终当一名职场赢家，领着高薪水，拥有高职位，这些职场经验都是你的必修课。这些所有好老板都具备的成功秘诀，任何顶级高校都不会教你，即使你在清华北大就读，也很难学得到。

本书作者通过对 300 多位好老板进行读教、研究，最终总结出了书中九章每一位职场中人都应该懂得的怎么样认识好老板、怎么样向好老板学习、怎么样与好老板相处的法则，希望对你有所帮助。

如果你能够通过本书的学习，获得启发和感悟，并应用于职场之中，最终在好老板身上学到下列这九项职业成功秘诀，最终成就最好的自己，那么作者必会感到非常欣慰：

一、团队管理：好老板都是带队伍高手，想当领导和老板的你一定要学；

二、资源整合：好老板都是整合资源的大师，懂得化任何资源为己所用；

三、人脉经营：人脉是极为重要的一种资源，好老板都有一套经营之道；

四、创业方式：好老板都有独特的创业方法，有些可以借鉴有些能复制；

五、盈利模式：好老板都有一套科学的盈利模式，这是你最该学到手的；

六、锤炼眼光：眼光越好事业就做得越大，好老板都拥有出众的眼光；

七、总结规律：好老板都擅长总结经验，利用成功规律，汲取失败教训；

八、危机管理：好老板都是危机处理专家，能教你正确面对世界的残酷；

九、情绪管理：好老板都积极理性，不塞责不消极不抱怨不计较不斗气。

CONTENTS **目 录**

03 好老板是伯乐：
学对了老板，成功可以"抄近路"

04 外观老板：
助你发现好老板的8条"线索"

05 内察老板：
9个方法让你找到最值得学的老板

06 让好老板青睐你：
个人价值越高，越受老板提携

07

理解老板的弦外之音：
学习老板，先懂其话中深意

08

善于和老板说话：
会与老板沟通，更容易学到其真经

09 不踩老板底线：
想学老板的真本领就别犯这十大禁忌

01

别把老板想错了：

我们对老板的七个误解

误解一：挣钱是第一位的，老板是谁不重要

薪水应当是我们选择工作的一个重要标准，因为良好的物质生活是我们安身立命的基础。但是，薪水绝对不是检验一份工作是否值得做的绝对标准。

我们工作是为了什么？在初入职场之前，我们或许会被问到这样的问题。

对于很多职场新人来说，他们最常给出的答案便是：工作便是为了挣钱，为了能够养活自己。所以，很多人会将薪水列为自己选择工作的重要理由。

这种想法当然无可厚非，因为从直观意义上来看，我们普通人在工作面前可选择的余地并不大，在几份性质大体相同的工作面前，薪水高低会直接影响我们的抉择。假如有两份性质类似的工作：一家规模较大但薪水略低，一家规模较小但薪水很高，相信很多人会选择那份薪水比较高的工作。

没错，薪水高低会直接影响我们对一份工作的判断。但是，薪水其实只是一份工作的一个方面而已。只根据这一个方面来选择工作难免会有失慎重。

阳明大学毕业之后和一帮同学到处找工作，面对几家公司同时递来的OFFER，阳明选择了在一家小公司做技术员。

阳明坦言说，自己之所以会选择这份工作是因为它的基本工资很高，达到了每月 3000 元，而相比之下，其他单位则开不了这么高的工资。

阳明单位的老板是个四十多岁的中年人，他在人才的培养上并不像别的老板那样，敢于放开属下的手脚，每次有什么重要的事，他都会督促着阳明他们完成。这位老板在公司的发展前景上显然没有花多少心思，公司做了十年左右，十年前一起创办的那些同性质公司如今大都已经做大做强，但是阳明所在的这家公司却还是停滞不前。

渐渐地，阳明开始后悔自己当初的决定，这家公司最初给出的薪水的确很诱人，

但是对于阳明这样的年轻人来说，这家公司完全无法给他提供一个发展的高平台，而且还有这样一个处处对手下员工设防的老板，最要命的是，这个老板不具备创业者应当具备的冒险精神，一味地因循守旧。阳明知道，自己再在这里待下去也不过是多领几年的薪水而已，毫无意义可言。

阳明之所以会陷入这样的困境恰恰是因为他当时的目光短浅：一切只向钱看，忽略了个人事业发展中的其他因素。

一份好工作不可能只是仅仅体现在薪水上，薪水只是一份工作比较直观的反映。像公司环境、上升空间、老板好坏，这些都是一份好工作的衡量标准。如果我们只看一面，忽略其他方面的因素，对这份工作的好坏定论很有可能就会出现偏差。

就像上文中阳明的故事，他选择了一份薪水看着还不错的工作，结果却遭遇了一个令人"失望"的老板，到头来让自己陷入了"前途"危机当中。所以说，找工作的时候，不光要看薪水，还要看看老板。

一个好老板能够给我们带来的不仅仅是物质财富上的累积。其实，跟对好老板比挣多少钱更重要。因为不管拿多少工资总有花光的时候，但是如果跟对了老板，那么我们从他们身上学到的远不只是几年薪水那么简单。

香港超级富豪郑裕彤个人身价达 300 亿港元，人们在听到他的名字时大多会联想起"周大福珠宝"，但其实，除了"周大福珠宝"外，他旗下的香港新世界集团更是集酒店、房地产、黄金珠宝业等多元化全方位发展的跨国集团。

但是很少有人知道郑裕彤的发家史。

郑裕彤年轻的时候正值国难期间，他家境贫寒，初中未毕业便辍学。当时很多年轻人都选择下海或者远赴国外淘金，但郑裕彤却选择去"周大福"金铺当伙计。

在当时，金店算是一种比较特殊的行业，而"周大福"在业内并没有什么名气。金店里分大伙计和小伙计，小伙计就是当杂役，郑裕彤从小伙计干起，每天负责扫地、擦灰尘、洗厕所、倒痰盂等里里外外的清洁工作，等一切准备停当后，他再和姗姗来迟的大伙计们一起开店门做生意。对于一个当时只有十四五岁的孩子来说，这份工作显得十分忙碌辛苦，每个月赚的钱只能勉强养活自己。

那郑裕彤为什么心甘情愿地在"周大福"长期做下去呢？

原来，郑裕彤在进入"周大福"之后就渐渐认识了老板周至元。他认为，周至元对这一行十分了解，而且周至元对自己也非常赏识，虽然自己暂时对黄金业务不熟悉，但周至元却能手把手地教自己，这种学习的机会十分难得。

果然，不出三年，郑裕彤就做到了"周大福"的金铺掌管一职，负责铺面的日常经营。最终，他也成为"周大福"珠宝历史上的一段传奇。

试想一下，如果郑裕彤像我们很多刚毕业的年轻人那样，把薪水奉为找工作的唯一标准，那保不住这个世界上又多了一个平庸的人。

其实，薪水应当是我们选择工作的一个重要标准，因为良好的物质生活是我们安身立命的基础。但是，薪水绝对不是检验一份工作是否值得做的绝对标准。有时候找一个好老板比拿一份高薪水更重要，跟对好老板在很大程度上就意味着我们拥有了拿高薪的可能。而如果只是选择一份薪水不错的工作，老板却是一个"卑鄙小人"的话，我们不妨自问一下，跟在这样一位老板手下，我们能干多久。在今天看来还不错的工资，过了几年之后或许就变得十分低廉，作为一名职场新人，我们心中尤其要明白这一点。

▶▶▶　│思 考│

1. 你认为职业理想和薪资哪个更重要，为什么？

2. 如果你是老板，会给自己发多少月薪？

误解二：公司是老板的，跟我没关系

不管企业有多大，我们每个员工都是其中的一分子。当我们有了这样的一种心态，才能真正体现出一种主人翁精神，抱着这样的心态，机会和成功自然也就会青睐我们了！

我曾经应邀到一所大学给即将毕业的大学生们讲课。

课堂上，学生们的反应都很热烈，课程也进行得很顺利。看得出来，这些即将毕业的大学生对职场充满着好奇。在课程最后，我问了学生一个问题："在你看来，公司是属于谁的。"

这个问题很快就在学生中间炸开了锅，几分钟后，一个留着板寸头的男生举手回答说："公司当然是老板的，我们进公司都只是帮他打工而已。"

我笑了笑，对他的回答不置可否。

一会儿，一个女生站起来说道："公司是属于我们员工的，因为一家公司离开了老板还有可能勉强维持，但是如果员工都离职了，这家公司就运行不下去了。"

我微微点了点头，示意她坐下。

"没有别的答案了吗？"我在讲台上反复问这个问题，讲台下学生们继续在讨论，但是没有人起来发言。

是时候公布正确答案了。

我站起来说道："同学们，你们的回答是对的，但又是错的。"

学生们都很不解，一个答案怎么还有对错两种结果。

我顿了一下说道："在一般的企业当中，老板是这家企业的创立者，所以公司当然是老板的。""但是……"我话锋一转，继续说道："对于一家公司来说，如果只有老板而没有员工，这家公司也根本搞不起来。"

听完了我的这番话，台下传来了雷鸣般的掌声。

　　后来，我陆续接触了很多初入职场的大学毕业生，在跟他们的交往中我发现，很多人都存在着对公司"所有权"的认识误区，绝大部分人都觉得，老板就是公司的"老大"，公司的一切事物都是老板说了算，跟我们这些小员工没有关系。

　　对于这种片面的想法，我不止一次地予以指正。同时，我也渐渐明白了职场新人们持有这种观点的原因。

　　现在很多大学生在找工作的时候都会提到一个词——归属感。"归属感"作为择业的一个条件，已经深入人心。何为归属感？在心理学上，归属感被认为是一种"认同感"，也就是说，我们大部分人都想找一家令自己满意、自己能够认同的公司。

　　但这种机会并非满地即是，在现实生活当中，能够让我们感到归属感的公司很少，没了归属感，很多人就会在工作中呈现出一种状态——混日子。反正自己对这家公司也没什么感觉，能挣钱就行，就这么的吧。

　　所以，当我们把"公司是谁的"这样的问题抛给他们的时候，很多人都会异口同声地回答："老板的。"

　　一种看法能够影响人的工作心态，假如我们从心里认定了"公司就是老板的"，那么，我们还能在里面找到一种主人公的感觉吗？而且，假如我们不认同公司的话，自己能在这样的环境下快乐工作、学到知识吗？

　　所以说，"公司是谁的"不仅仅只是一个问题而已，它还能够反映一个人的心态，反映出一个人的工作热情，最终，它也能作用到我们的工作上。

　　王路和普强同在一家公司做业务员，由于工作性质的原因，两人经常外出出差。根据公司规定，业务员出差可以报销费用，但是为了防止员工无节制地乱花钱，公司也拟定了一个报销额度的上限，如一个星期内顶多报销2000元。

　　王路每次出差回来报销的都是一些最基本的费用，比如说车费、伙食费、住宿费。王路认为，现在公司正处于发展阶段，资金上并不那么充裕，为了替公司省些钱，他甚至还会主动联系出差地的朋友，在朋友那里"蹭住"；有时候去的城市没有什么熟人，王路就会选择一些招待所或者家庭旅馆等收费比较低的店，吃饭他都是在一些小饭馆吃面或者简单的饭菜，所以他的出差报销费没有一次超过1000块。

　　但普强就不一样了。他想，反正这钱又不是自己出，公司的钱谁花不是花呢？

所以，普强每次都是满打满算，想着怎么把这 2000 块钱花得刚刚好，事实上他也做到了，每次出差回来，他的报销单上都是个"结结实实"的数字：2000。

后来公司不景气，老板要裁员。其实按照业绩来说的话，普强略微占一些优势，但是最后老板却留下了王路，请普强走人。

普强很是不解，他找老板理论："我的业务能力并不比王路差，凭什么让我走。"

这时老板拿出两人出差期间的报销单摔在普强面前，"你自己看看，人家王路一年的出差费不过一万，你呢？是他的两倍之多，你心里真的把公司当作自己的家了吗？"

在"证据"面前，普强没法再狡辩，他收拾了自己的东西，悻悻地离开了公司。

相信很多人都能看明白，像普强这样的员工，认为公司的钱是老板的，跟自己没关系，花多少算多少，虽然工作上还能应付，但是他缺乏一种主人翁意识，没有意识到，其实公司不光是老板的，也是我们每一个人的。替老板省一分钱其实就是替自己省一分钱。普强把公司当成"宰割"对象，下场当然会很惨。

有的员工将公司的事和自己的事划分的很明确，认为自己只要做好分内的工作就行了。如果公司出现了问题，而又不在自己的职责之内，那大可作壁上观。

其实，不管企业有多大，我们每个员工都是其中的一分子。而我们每个人在无意中都会说出"我们公司如何如何"这样的话，说明公司对于我们来说绝对不是"局外事"。一个优秀的员工在面对工作时，不会首先就去想："这是公司的事，不是我个人的事"，而是应该想到，这种麻烦会影响到公司，而公司一旦受到影响，作为一名员工，怎会不受影响？

当我们有了这样的一种心态，才能真正体现出一种主人翁精神，把公司的事当成自己的事，把老板的事也当成自己的事，抱着这样的心态，机会和成功自然也就会青睐我们了！

> ▶▶ **思 考**

　　1. 你怎么理解"打工心态"与"老板心态"？你拥有哪一种心态？

　　2. 如果你是老板，会聘用拥有"老板心态"的自己，还是怀着"打工心态"的自己？

误解三：老板总是高高在上，遥不可及

美国著名学者马克·奥尼尔说："在职场上，只有先把老板当人，才能把他当学习对象。"也就是说，我们只有先把老板当成一个普通人，接近他，了解他，才能从他身上学到些什么。

在我们平时的印象当中，老板都是这样一副模样：西装革履，满面油光，眼神里总带着一副不怒自威气势，他们坐在办公室里，有任务的时候会通过秘书或者主管吩咐下去，自己则很少出面，有一种神龙见首不见尾的神秘感。

许多人正是抱着这样的观点，认为老板一般都不会和我们普通员工走到一起、打成一片，甚至于，很多人会觉得"老板活在老板的世界，我们活在我们的世界"。

这种先入为主的观念当然会影响我们与老板的关系，我们理所当然地认为老板是"悬挂在天上"的，我们不能有"越出雷池"一步的举动。特别是在一些比较大型的公司，有的人甚至一年都见不了老板几次面，而那些大型公司的老板外表往往更加"盛气凌人"，面对这样的老板，员工自然不敢轻易表达自己的一些想法。

我刚毕业的时候在一家大型民企上班。这家公司规模很大，员工有上千人，而且公司的办公场地很分散，一楼二楼三楼都是我们的办公区。我当时在一楼工作，而老板和一些公司高层都在三楼办公。刚进公司的时候，我只是偶尔在公司门口遇见过他几次。我那时候胆子特别小，在我看来，老板就是老板，他们应该不屑于同我们这些小员工打交道的，所以，尽管遇见他好几次，我都没跟他说过一句话，哪怕是一句"你好"。

后来，我无意中认识了一位朋友，他对我们公司的业务很感兴趣，表示想跟我们老板合作。他想请我代为转达一声。

朋友的请求让我暗暗叫苦，像我这样一个人微言轻的人能做帮老板介绍合作的事吗？

　　但是，当时我已经答应他了，说出来的话总不能咽回去吧，所以我只能硬着头皮上了。

　　那天，我怀着忐忑的心情走上三楼，说来惭愧，进公司这么久，我也就来过两三次，每次都是进部门主管的办公室，老板的办公室在走廊的尽头，我从来都没有去过。

　　说实话，我当时心里很慌，可以说我对老板一无所知，而且，老板的威严摆在那里，我害怕自己说错什么话会令他不高兴，如果对方不介意还好，要是真引起他的反感，我估计这饭碗都保不住了。

　　在楼道里犹犹豫豫了大半天，我始终没有敲响老板办公室的门。手指几次准备敲门都放了下来。正当我准备放弃的时候，老板办公室的门"吱呀"一声，门被打开了，正准备出门的老板正不解地看着我。

　　我当时心里七上八下的，不知道该如何开口，我都能感觉自己攥的拳头里满是汗水了。

　　这时，我只听见老板说道："你好，有什么事吗？"

　　老板的客气让我心里一下子暖和了很多，我壮着胆子结巴地说："我……我是 × 部门的员工，找您有……有点事。"

　　老板听完我的话，很愉快地将我请进了办公室，我们畅谈了整整一个小时。最终，在我的牵线搭桥下，我的那位朋友跟我们老板见了面，并达成了合作意向。

　　在这件事之后，我终于明白，原来老板其实是一个很和蔼的人，虽然是这家公司的一把手，但他丝毫没有架子，和我说话的时候始终都很客气，还鼓励我以后有什么想法就上来找他。

　　后来，我跟老板的关系一直保持得很好，也正是有了这些接触之后，我对这家公司有了全新的认识。而且，在与老板的接触中我学到了很多做人做事的道理。最后在他的鼓励和帮助下，我开始了自己的创业之旅。

　　我相信很多人在走上职场前对老板都会存在着一些"偏见"，由于缺少直接的接触，我们想当然地会以身份认人，觉得老板一定都是威严、高高在上的。其实，只有具体接触了之后我们才能明白：老板也是人，他也可以成为我们的朋友。

　　如果我们总觉得老板是高高在上的，那我们难免会在平时的工作中保持与老板的距离，一旦我们与老板之间形成了这种空间和心理上的双重距离，那么我们又怎么能得到与其接近学习的机会呢？

我们一旦在自己心中树立了老板"高高在上"的形象，心里面很有可能会产生一些负面情绪，因为我们每个人都喜欢"有趣""有人情味"的人，我们会把那些不通人情的人当成是一种"木偶"。这样一来，我们就很难对他们产生好感，甚至会出现一些"排斥"情绪。这种排斥则会形成我们与公司和老板之间的代沟，最终也不利于我们自己的发展。

其实，作为一名员工，我们应当弄明白，老板再大，那也是从"小"发展起来的。他在创业前很有可能跟我们一样，也只是一名普通的员工，他也有家庭、也有自己的生活，他也是要食"人间烟火"的。想想这些，我们也就能得出结论：老板也只是一个普通人而已。

美国著名学者马克·奥尼尔说："在职场上，只有先把老板当人，才能把他当学习对象。"也就是说，我们只有先把老板当成一个普通人，接近他，了解他，才能从他身上学到些什么。这是每一个职场新人都应该明白的道理。

思 考

1. 你如何看待自己的老板？

2. 假如你是老板，谈一下当老板的好处与苦处？

误解四：有能力的老板少，他们靠的都是下属

在我们的生活中，有很多人总觉得自己了不起，看不起老板。当有这样的想法时，请不要忽略一点，那就是不管怎么样，上司是用来管理下属的。如果你不服从管理，最终利益受损的还是自己。

曾听一位年轻人对我抱怨说，他们的老板是个根本不懂业务的"白痴级别"的人物。在他看来，要不是诸多下属帮老板撑着这个公司，可能公司早就倒闭了。接下来，他又感叹现在有能力的老板怎么那么少呢？甚至他还说，一个公司的成功完全是靠高素质的人才，哪个老板手下有高素质的人才，就最有可能在竞争中获胜。

至于这位老板的能力怎么样，那就不在讨论的范围内了。从他不屑的态度中，我自然可以得出结论，那就是世间有能力的老板少，他们靠的都是下属。

难道真的是这样吗？诚然，确实存在能力平平的老板，这并不妨碍他们创建一家成功的公司。可是你有没有想过，一个人之所以能坐上老板的这个位置，必定是有他们独特的过人之处。

那些当老板的人，也许智力并不是人群中的佼佼者，也许他们的身世也并不显赫，或许他们本身就是一位普通人，但是他们有自己的优点，并非完全依靠下属。

在《三国演义》中，刘备的武功和智谋平平，但是手下却拥有孔明、关羽等得力的助手。可以说，他是一位普通意义上的"缺乏能力"的老板，但是他却在其他方面胜于常人。比如说，他去请孔明出山的时候，那份三顾茅庐的耐心，是有能力的关羽所不能比的，这就是刘备的优点。

一位公司老板的作用，并不是他自己孤军奋战去做所有的事情，而是学会安排和培养自己的下属去做合适的事情。这样一来，就需要老板有眼光，有魄力。如何用人，如何管理人，这都是学问。可以说，这些才能是通过长期的磨合才可以显示出来的，而不是一时半会就能判断出来的。

众所周知，著名的淘宝网的创始人马云从能力上来讲也许并不及他手下的那些高级管理人才和知识分子，但是他却把自己的企业打造成了一个神话。如果有人说马云缺乏能力，可能会招来骂声一片，他可是互联网行业的优秀行业创始人之一。如果你单从才能这方面来讲，也许看不到马云身上有什么优点。可是如果你就单纯地认定他缺乏能力，显然是片面的。因为如果没有他及时做出企业进攻市场的大策略和方向，没有他在公司最难的时候背着大包去街道上摆摊，用自己的能力撑起公司的前途，可能也不会有淘宝网的今天。

由此可见，老板的能力是多方面的，是需要进行综合判断的，而不能偏激地认定哪一位老板是没有能力的。比如说著名的餐饮连锁店海底捞，老板既不会做菜，也不太参与饭店的管理，难道你就认为他不是一个人才吗？显然不是，正是他对餐饮宗旨的确定，对员工的人性化管理，才让这一连锁店开遍全国，甚至数目多得连他自己也数不清。

比如说，有的下属觉得领导能力不强，于是天天抱怨，结果牢骚被传到老板耳中，好的老板可能一笑置之，但是那些小肚鸡肠的老板，就有可能会给你"小鞋"穿。

在现实生活中，在我的身边，就有许多这样的人。他们虽然受过很好的教育，并且才华横溢，但在公司里却长期得不到提升，为什么呢？主要是因为他们不愿意自我反省，总是埋怨环境，对自己的老板抱怨不休。

常杰大学毕业之后，进入了一家公司上班。老板每次交代给他任务之后，如果老板不追问，他就会轻浮地对待；如果老板不跟踪落实，他总是敷衍了事。每当老板批评他的时候，他在心里暗想，哼！如果由你来做，未必就会比我做得更好。他总觉得自己的老板是个无能之辈，于是从来不用心对待自己的工作。即便如此，他还总是抱怨自己替老板卖命，太不值得了。抱着这种心态，当然不会做出什么杰出的成绩。

因此，时隔不久他就被老板解雇了。他失去了这份工作后才知道，当初的机会是多么难得。因为他第二次找工作，遇到的是一位相当苛刻的老板。他这才明白，原来的老板对他是多么宽容和仁慈。

在我们的生活中，很多人总觉得自己了不起，看不起老板。当有这样的想法时，请不要忽略一点，那就是不管怎么样，上司是用来管理下属的。如果你不服从管理，最终利益受损的还是自己。在明白了这一点之后，你就会理智全面客观地看待老板。也许老板并不是全能的人，可他会有你不具备的优点与优势，仅凭这一点，我们就不能不尊重老板。

▶▶▶ │思 考│
1. 你认为自己是能力型的员工吗？
2. 如果你是老板，你会如何处理与能力型员工之间的关系？

误解五: 老板都喜欢绝对顺从的下属

如果你和老板发生了矛盾,你选择顺从他的意愿,还是违抗他的命令? 这似乎是个很简单的问题,我们只需要回答是或者不是,就可以完成这道题目。可真实的情况往往会非常复杂,让我们难以做出抉择。

通常来讲,老板不会喜欢和自己"顶牛"的下属,但是也要分清楚是哪种情况。一个绝对顺从的下属,在让老板感到好驾驭的同时,也有着自身的不可克服和致命缺陷。一个顺从的下属,往往没有自己的主见,什么意见都希望由领导做出决定。很多的工作他们不能独立完成,还要领导亲力亲为,这样的下属并不省心,而且劳心费神。所以,我们一定要准确地意识到,并不是所有的老板都喜欢绝对顺从的下属。

一个没有主见、凡事要等领导拿主意的人,往往缺乏果断的决策能力。比如说,一个去前沿阵地抗洪救灾的人,如果非要等着请示汇报,不及时拿主意的话,那很可能会丧失最佳的救援机会;一个没有决断能力,在公司外面找客户去谈判的人,如果听到对方的报价之后,还要打电话回公司,向老板请示的人,显然有可能错过最佳的商务良机。这样的事例,并非少见。

我记得自己曾亲身经历过这样的一件事情。我十几岁的时候,上街去买衣服。当时是自己一个人,没有父母陪同。我看中了一件天蓝色的长裙子,一心想买下来,当时老板要价 25 块钱,这无疑是一件物美价廉的东西,但是我自己做不了决定。那时还没有手机,我就自己跑回家,问母亲怎么办,是买还是不买。当母亲带着我赶到集市上的时候,那件衣服已经被老板卖掉了。直到今天,我还在后悔当时为什么不立刻做出决定。

这样的事情与职场上的事情有几分类似。一个绝对顺从的下属,是没有主见,没有灵魂的,更缺乏一种统率全局的魄力。大家知道,在公司的岗位上,每个人各司其职,大家都有自己的分内工作要做。很多事情,需要我们自己拿出解决的方法来。上司只不过是统率大局的，有很多的事情需要他做决定，他不可能事无巨细都交代清楚。所以，那些绝对顺从的人，在领导眼中就变成了一个没有生命力的小木偶，四肢都被系着线，领导拽一下，它就动一下。试问，这样的下属，会有哪个领导喜欢呢？

当然，我的意思并不是说，你和领导对着干就是对的。我在这里强调的是绝对顺从的弊端，还有的绝对顺从是建立在老板错误决定上的。

在职场上，如果你发现老板有错的时候，你会怎么办？你还会选择绝对顺从吗？要知道老板不是神，也有说错话、做错事、下错命令的情况。这样的情况下，我们如果绝对顺众，显然是不合时宜的。

张玲在公司里是做服装设计工作的，她是公司里少数几个刚进来的新人，设计部的部长对她并不重视，有一段时间，总是挑一些无关紧要的工作交给她去做。有一次，部长让她把打好的服装小样拿过去。她在取样品的时候，发现纽扣的样式不合客户的要求。于是她对部长汇报了此事，部长不以为然，觉得一个小纽扣没必要兴师动众地去大改。但是张玲据理力争，强调这个纽扣与服装的整体风格是息息相关的。如果换了样子，会让服装的整体和谐性受到影响，接着她还举了一些相关的失败案例来强调细节的重要性。部长终于被她说服了，要求车间修订相关的流程，重新订购一批扣子回来。她的做法获得了客户的赞许，为他们赚来了更多的订单，部长很高兴，对她实施了奖励。

张玲的行为让我们看到，并非所有的上司都喜欢百依百顺的下属，特别是在他们犯错误的时候更是如此。试想一下，一个犯了错而不自知的领导，是不是就像脸上有污渍的人，如果你不告诉他，他怎么会知道？而当事后他发觉这件事的时候，一定会追究你的责任。

当然，如果上司错了，也不要在众人面前指出，毕竟上司是上司，要学会巧妙地维护对方的尊严。

绝对服从是有一定条件的，如果老板的话是对的，我们当然要绝对服从，如果老板的指示不够具体，我们就区别对待。不要总是靠老板给我们拿主意，我们可以在一定的权限范围内，自己给自己拿主意。这就好像我们以顾客的身份进入商场买东西时，我们既需要售货员拿给我们想要的商品，也需要他们向我们推荐一些我们可能需要的商品，还喜欢听他们提出一些中肯的建议。所以，我们不妨以此为鉴，联系自己职场上的实际情况，作为一个下属，我们需要时刻铭记，老板是我们最大的"顾客"。面对顾客，我们要想尽办法为其服务，让其满意。

> ▶▶▶ |思 考|
>
> 　1. 你在职场中属于顺从型员工还是有自己独立主张的员工？
>
> 　2. 你会盲目顺从老板所有的决定吗？

误解六：跟老板搞好关系胜过一切

"在一个等级制度中，每个雇员都倾向于上升到更高的职称地位。"上升有多种方法，一种是靠自己周围人的推动，还有一种就是靠老板的提拔。

对于每一个在职场上打拼的人，在公司获得融洽的职场关系，是我们极力想要的结果。我们很期望与同事处理好关系，而且很希望能得到老同事的认可和热情的回应，当然我们最渴望的是得到上司的肯定与赞赏。

在一家公司里，如果只想着与老板搞好关系就一切 OK 的想法是行不通的。职场如江湖，每一个职员的身后都有一张密密麻麻、交错复杂的人际关系网。如果想与老板搞好关系，首先要与周围的同事和自己的顶头上司搞好关系。老板与你之间的关系，只是其中最重要的一环，而不是全部。不要幻想着自己与老板的关系是胜过一切的，这样的想法是荒唐可笑的。

有一句俗话叫作"阎王好见，小鬼难缠"。这句话是贬义的，但是我们可以从正面积极的态度去理解。我们身边的每一个人都对我们的职场生涯发挥着重要的作用，如何与他们搞好关系，对我们而言至关重要。

大家都有这样的体会。在我们上小学的时候，我们都渴望与班主任搞好关系。但是我们平时接触最多的却是我们身边的同学，自己与同学关系的好坏，对我们而言也极为重要。我们和他们朝夕相处，如果没有被重视，如果缺乏别人的关注，我们会生活得非常不开心。这种情况，想必大家都有所体会。当我们成年之后，类似这种情况也会经常出现。

张开在一家软件公司上班，大家合力开发一种新的财务软件。这是一项协作性非常高的工作。如果某一个环节缺乏必要的沟通，很可能就会让整个小组的工作陷入困境。张开深深明白其中的道理，所以每当他有什么问题，总是及时与同事沟通。如果下班了大家一起去娱乐，他也跟着一起去。在这个小集体中，他体会到了什么叫作快乐，工作也进展得非常顺利。他和老板平时见得并不多，偶尔汇报工作时候，谈上一会儿。老板在和他交流的时候，他总是极力强调自己同事做出来的贡献。替自己的同事们说好话为他在老板面前赢得了更多的好感。一个人缘好、有领导力的员工，也会轻松地获得老板的尊重。这无疑会为他以后的升职加分。

张开的经历告诉我们，一个员工要想得到老板的赏识和重用，光和老板一个人搞好关系是不行的，不要以为和老板关系好就能胜过一切，在实际生活中，远远没有这么单纯的人际关系，有很多的制约因素会让你认识到，与老板的关系好很重要，但是与那些同事处好同样重要。

曾经有这样的一个故事。美国规定军人不能留长头发。当时黑格将军却例外地留了一头长发，当时他担任北约部队的总司令，深受国家领导人的器重。一名留长头发的士兵在遭遇了上司的批评之后，画了一幅画，他把黑格将军的头像画在墙壁上，然后在上面画了一个箭头，注明：请看他的头发。

连长看到这幅图之后，没有生气，而是又画了一个箭头到他的领章处，注了一行小字"请看他的军衔。"事后，黑格将军听说了此事，立刻把自己的头发剪短了。

论职务，黑格将军是不用怕这个小兵的，因为他是自己的下属。但是如何与下属处好关系，获得他们的拥戴，却是一位将军必修的课程。所以，他宁肯放下自己的架子，去接受这个小士兵的挑战，而不是仗着自己与国家重要领导人的关系好，而为所欲为。

在我看来，不断提高自身能力是一个漫长的过程。一个人无论身处何处，都要有相应的资格和能力。而这种能力中重要的一环，就是与老板处好关系的同时，也要与身边的人相处融洽。

《吕氏春秋》中曾有这样的相关记载："在一个等级制度中，每个雇员都倾向于上升到更高的地位。"上升有多种方法：一种是靠老板提拔，还有一种就是靠自己周围人的推动。如果你能把与老板的关系处好了，再与周围的人处好关系，让大家为你的升职助一臂之力，显然会获得一个更为美好的前程。

▶▶ | 思 考 |

1. 老板提升过你的职务吗？为什么？

2. 你如何看待办公室中的人际关系？

误解七：做的越多，老板给的也就越多

从本质上来讲，职场就是一个交换利益的场所。一个人做多做少，
究竟做到什么程度，是需要全面衡量的，不可越职行事，也不要自作聪明。
尽到自己的职责，做好自己的本职工作，才是最重要的。

职场上很多人信奉多劳多得。可在实际生活中，并不是所有的"多劳"就一
定能"多得"。同样，一个人做得越多，也不一定得到越多。从本质上来讲，职场
就是一个交换利益的场所。我们来打工，老板给我们薪水，于是很多人认为职场是
自己生活的延续，是自己努力工作做事的地方。一旦我们把职场本质理解成做事，
就会在做完事情后，从心底深处强烈地希望别人认同自己。

这种认同，就是迫切地需要得到老板的赞扬和经济方面的奖励。如果我们没
有学到这些，就会觉得自己的职场生涯失败了。而如果领导夸奖了自己，就会觉得
自己是成功了，就会觉得相当满足，于是就会期望着得到更多。可事实真的如我们
所想的那样吗？

刘涛进入了一家电器公司做销售总监，他的工作一向做得不错，老板也经常表
扬他。刘涛渐渐变得忘乎所以起来，他先是超越自己的职权范围，多管了一些不应
该自己管的事情，接着又擅自做主，将一批家电以超级优惠的价格搞促销。在他看
来，这样做是为老板分忧了，但是实际上，他擅自做主的行为却惹得老板大动肝火。

刘涛自己感到非常委屈，自己做得越多，怎么还被抱怨得越多。这些事情明
摆着是为老板分忧，提高销售部门的业绩，为什么反倒惹得老板不开心呢？真是让
人感到郁闷！

刘涛的经历值得我们借鉴，为公司做事，如果你做得好，做得妙，想事想到
了点子上，这无可厚非。但是如果你做错了，越职行事了，没有达到领导所要的程
度，那你就是得罪了老板。

如果我们遇到的是一位心胸狭隘的老板，做的事情让他们感到不快，虽然做出了成绩，可是不免会使他们嫉贤妒能，也有可能会让对方感到不开心。

职场是一个复杂的江湖，各种利益纠缠不清。为老板做更多的事情，并不一定就能取得他的欢心。再者，每个公司都有自己严格的标准规定，还有很多关于项目、流程等的规章制度。每个人各司其职，这个庞大的公司机器才能正常运转。如果公司不按照正常的规章制度运转，公司运营就会出现问题。这一点是老板需要考虑的。

举个例子来讲，在神话传说中，各个神仙都有自己的职责。风神负责刮风，龙王负责下雨，如果哪天龙王不管自己下雨的事情，跑去胡乱作法，一会儿乱东风，一会儿刮西风，那岂不是让自然界乱了套？听起来似乎有几分可笑。但是实际的道理不过如此。

在公司里，我们每一个员工就像一个螺丝钉，如果擅自改变自己的位置，很可能会让机器停转。这样一来，老板又怎么会欣赏你呢？

乔瑞是一个非常聪明的女孩子。她进入一家报社工作之后，主要任务就是采访一些时事新闻进行报道。报社的记者很多，每个人负责不同的版块。比如，有的采访民生，有的采访法制，还有的采访交通等各个部门。有一次，乔瑞外出采访的时候，刚好碰到一起稀奇的案子，具有很好的新闻报道意义，于是她立刻向报社的老总汇报，老总安排法制部门组织了一个采访小组去做报道。这个案子涉及面很广，而且案件的性质相当严重，具有很强的震撼力。如果乔瑞私自采访了，不仅算不上多做了工作，很可能会招致老板抱怨。

乔瑞的经历告诉我们，并不是做得越多，就越会得到老板的赏识。老板更看重的是，你做的事情对不对，是否合适，是否尊重他，是否理智等。如果乔瑞自作主张去采访，老总也许会想，这么重要的事情，为什么不先向我请示报告呢？那个时候乔瑞也许得到的不是奖赏，反而是劈头盖脸的一顿批评。

也许有人对此感到不解，那我举一个更加浅显的例子。这就好像我们吃饭一样，吃得太少，我们会吃不饱；如果吃得太多，我们会吃不下；若是强行咽下去，就会吃撑着，搞不好还会被送到医院去。职场上也是如此，每个人的能力有大有小，有的事情不是我们应该做的；有些事情，我们没有能力做好；还有些事情，是我们想做老板不想让我们做的，那我们就应该乖乖听从指挥，不要犯错误。

所以，一个人做多做少，究竟做到什么程度，是需要全面衡量的。不可越职行事，也不要自作聪明，尽到自己的职责，做好自己的本职工作，这才是最重要的。

▶▶▶ | **思 考** |

1. 为什么有人月薪8000元、5000元甚至3000元，而有的人月薪50万、500万甚至5000万？

2. 请你谈谈对"苦差事"的理解，你爱做"苦差事"吗？为什么？

02

好老板是一所好学校：

你缺的本领，老板身上都有

团队管理：好老板都是管理大师

　　好的老板，都是出色的管理大师，否则一个大公司如何才能在老板的管理下运行呢？因此，我们不妨学着跟老板学习管理之道，把老板的管理技能装在自己的脑子里，远比拿到更多的薪资更有价值。

　　我们不妨从下面的事件中了解一下，老板管理下属是一门多么奇妙的艺术。

　　有一次，销售部长和采购部长因为工作配合方面的事情吵了起来，大家都在一边劝架，但是似乎并没有什么效果，反而让两个人的争吵升级到了白热化的程度。最后，两个人互相拉扯着来到了老板的面前。大家担忧地盯着老板办公室的门，心里在想，两个人会不会在里面当着老板的面打起来呀。实际上，这样的担心完全是多余的。老板的管理艺术，远比大家想象的高明。

　　老板先是不动声色地掏出来两根烟，一人递了一根，然后心平气和地说："这是怎么回事呀？你们给我说说。"销售部长先站在自己的立场上讲了一下，接着采购部长又站在自己的立场上讲了一遍。中间老板一言不发，默默思考，然后等两个人讲完了，老板说道："好了，事情我清楚了。那现在请你们互换角度，站在对方的立场上考虑一下问题如何解决吧。"

　　两位部长不吭声了，但是老板坚决要求他们按自己的要求讲一下。就这样，采购部长暂时变成了销售部长，站在对方的角度上考虑问题；而销售部长暂时充当了几分钟的采购部长，也站在对方的立场做了阐述。等他们讲完，心里的气也消了，误会也得到了澄清，而且也理解了对方的苦衷。没等老板再说什么，他们自己先互相道歉了，这样一来，先前的不满情绪烟消云散，两个人迅速握手言和。

　　事后，很多人赞叹老板高超的管理艺术。是的，一位好老板在管理上必有过人之处。否则的话，公司里的人各行其是，没有人听从他的管理和安排，整个公司不乱套才怪。那么，这位老板处理员工矛盾的秘诀是什么呢？那就是不介入矛盾。

当双方吵架的时候，规劝者不介入双方的是非当中，这样这人说话就有力度，能让双方都信服。当这位老板以置身事外的态度来进行仲裁的时候，更显出他的权威性和公平性。这样一来，就可以对下属起到威慑作用，同时也调解了矛盾。

我曾遇到这样的一位老板。几个下属因为一件工作上的事情闹得不愉快，但是老板假装不知道，他特意安排这几个下属一起参加同一项商业谈判。这样一来，为了拿下单子，大家团结在了一起，同仇敌忾，很快矛盾就得到了解决。老板成功地让大家的注意力由内部矛盾转移到了外部矛盾上，一举两得。

老板的管理艺术是多方面的。他们会用各种手段刺激员工们竞争，让大家创造出更好的成绩。聪明的老板不会批评那些成绩差的员工，他们最高明的办法，就是表扬成绩好的员工。比如说，他会说某个员工这个月的工作很突出，某个员工这个月的表现相当不错。有的时候，他还会对某个特别优秀的员工表现出极大的热情和关心。这样的行为，对员工而言无疑是一种莫大的荣誉和精神奖励。其他的员工自然会在看到这一切之后，更加努力工作。

在一个优秀的企业中，老板的工作是做人，经理的工作是做事，员工的工作是做技。老板需要通过优秀的人格魅力让员工感到信服，这就是老板管理的高明之处。我们跟着老板学管理，事实就是学怎么做人，从而让自己走上良性的发展道路。

▶ | 思 考 |

1. 你的老板善于管理吗？请简述他管理过程中的利弊处。

2. 如果将你晋升为管理者，你是否可以管理好团队或者公司？谈谈你会怎么做。

资源整合：好老板都是整合高手

好老板都是资源整合的高手。资源整合是公司进行战略调整的手段，也是企业经营管理的日常工作。所谓的整合，实质上就是优化资源的配置，要有进有退，有放弃有取舍，从而获得整体上的最佳状态。

一位高明的老板，往往具有产生新的聚集能源的能力。他们利用自己的手段，协调资源的运营能力，产生新型的盈利模式，这样的老板，无疑擅长资源整合。

上海华盈创业投资基金管理有限公司的一个合伙人透露了自己的公司组成模式。他先是在江南找到了一家衬衫企业，然后低价连人带公司一起收购到自己的手中。接着，他又找到了一家服装销售公司，将两家公司完美对接在一起。这样一来，他的公司既有了生产基地，又有了销售渠道。再加上由于少了许多中间环节，成本利润低，公司本身又善于做市场营销，于是在短短一年的时间里，销售额迅速增长，很快突破了亿元。可以说，这位老板借助资源整合，在市场上打了一个漂亮的翻身仗。

而在职场上，老板对公司进行资源整合，就是利用不同的来源、不同的层次、不同的结果和不同内容的资源进行挑选。这样一来，才能让公司的管理更具条理化，更具系统性，更具价值性。

这是一个复杂的动态过程，简单来讲，资源整合就是通过将拥有独立经济利益的合作伙伴整合成一个高效的运作系统，达到让人耳目一新的效果，从而实现"1 + 1 > 1"的目标。

高明的老板，是善于资源整合的，他们会根据企业的发展战略，再结合市场需求对有关的资源进行重新配置，以此来达到提高企业核心竞争力的目的。

我们都知道"狼狈为奸"的故事，但极少有人能够领悟这个故事的精髓——当狼捕获猎物时，如果自己没有强大的力量，它会借助其他动物的力量来达成自己的目的，所以它们选择了向狈"借"腿。

我们不妨跟着自己的老板学习如何整合资源，再结合自己的实际情况应用于生活之中。我曾听一位朋友说过这样的话，他实在想不明白白手起家的困难是如何在实际生活中被克服的。比如让他开一家超市，他会说自己没有资金，没有设备，更没有准备雇员的工资，怎么才能开起来呢？

可是另一个有头脑的朋友轻易就克服了他口中的困难——找来合伙人，共同投资，再用投资买设备，然后雇员工，这样一来，资源在他的手中经过整合，不就变成了一个具有巨大优势的公司了吗？

具体来讲，跟着老板学习资源整合，可以从以下几个方面入手：

1. 跟着老板学习如何在旧有的元素中加入新元素

很多的创业者都是"拼凑高手"。他们会在现有的基础之上加入一些新元素，然后结合在一起，使结合后的两者在资源利用方面产生创新的行为。这样一来，会给自己带来意想不到的惊喜。

2. 让每个阶段最有限的资源发挥最大的作用，步步为营

我曾看到有一位女孩在网上总结出了一件毛衣的16种穿法。这一行为受到网友的追捧。其实这就是一种让毛衣发挥最大作用的办法。同理，让资源发挥作用的同时，就是在降低资源的使用量，降低了管理成本。

3. 跟着老板学习如何利用人力资源和社会资源等非物质资源来进行整合

人力资源包括同窗、校友、老师以及其他连带的社会资本。社会资源包括的方面就更多了，在此不一一列举。

跟着老板学会资源整合，更有助于个体开展目的性的行动，并为个体带来行为上的优势。我们看到很多的老板善于在千头万绪中找到和设计出完美的资源整合方案，建立起信任关系的合作，形成双赢和共赢的机制。完成这一步并不难，只要我们跟着老板学习资源整合的智慧，自然可以事半功倍。

▶▶ | 思 考 |

1. 华盈创投的故事给你带来哪些启示？

2. 你身边是否有资源整合获得成功的老板？请分享一两个真实的故事。

人脉经营：好老板都是利用人脉成功的好榜样

　　大人物的成功背后有优质人脉圈的支撑；小人物的宿命往往只因劣质人脉圈做底色。什么能让你十倍速成功？什么能让你秒杀财富？什么能让你迅速改变命运？答案只有一个，那就是：人脉圈！

　　毋庸置疑，人际关系是我们每个人在现实生活中无法回避的问题。作为老板，对内对外都需要良好的人际关系网来维护公司的正常经营，老板能够经营一家企业，自然有其不可替代的"高招"。我们不妨跟着老板学学如何更好地处理人际关系，从而为自己的人脉关系网打下一个良好的基础。下面，就让我们通过事例来分析一下，好老板的"人脉经营术"是如何炼成的。

　　具体来讲，可以从以下几个方面来进行分析。

1. 学会尊重他人

　　好的老板都会尊重别人，只有你先尊重别人，别人才会尊重你。人与人之间的关系大都是靠尊重来维系的，而一些不懂得尊重别人的人，往往也很难赢得别人的尊重。

　　我曾经遇到这样的一位老板，他在饭店请客户吃饭的时候，对服务员大呼小叫，使客户非常不满。虽然这位老板并没有做什么对这位客户不尊重的事情，可是这位老板对服务员的态度，证明他是一个没素质和缺乏教养的人。这样的一个人，自然难以获得客户的认可，所以他的生意没有谈成功也在情理之中。

　　尊重别人分为许多方面。比如说，在人际交往的过程中，我们要注意对方的年龄、身份和语言习惯等；在讲话的时候，要懂得分场合；在与别人有约定的时候，要准时赴约，要考虑对方的感受等。我们虽然没有必要牺牲自己的自尊去换取别人的友谊和讨别人的喜欢，但是只要用自身的言行让人懂得如何待我们，就可以赢得足够的尊重。

2. 坦然地接受别人的帮助

看到这一条，可能你会觉得奇怪。为什么接受别人的帮助，反倒是建立良好人脉关系的要点呢？

有位姓张的老板，开了一家饭店。每当朋友们去吃饭的时候，他总是热情接待，有时候甚至不收钱。就算是收钱，也要让服务员打出成本价，或者提供最低的折扣。久而久之，大家谁也不愿去他那吃饭了，并不是他的饭不好吃，而是大家实在不好意思了，因为感觉就像吃"白食"一样。

后来，张老板意识到了这一点，他改变了策略，朋友再来时他就像对待普通的食客一样，但是他会让服务员送上一两个菜或者果盘，然后真诚地恳求朋友，让对方多带一些人来捧场，照顾自己的生意。这种行为让朋友们感到了一种被需要的良好感觉。后来，在朋友们的帮助下，他的小餐馆的生意越来越好。

3. 好老板都具有极强的适应性

在我们每个人的人际交往过程中，我们会遇到两种人：一种是和自己合得来的人，一种是和自己合不来的人。而有能力的老板，适应性极强，朋友会越来越多，交际圈子会越来越大；而缺乏能力的老板，往往不懂得如何适应别人的性格特点，自己不做出任何的让步，这样自然很难建立起良好的人际关系。

我们不可能与所有的人都保持良好的关系，但我们应该和大部分的人保持良好的人际关系，这才是建立人脉圈的关键。适应性强的老板，往往擅长冷静地处理问题。有的老板在处理问题的时候，如果是自己讨厌的人，哪怕是性格不合的人，也不会露出讨厌的神色，他们依旧能冷静地和对方相处。

4. 好老板在人际交往中表现得灵活又热情

人际关系是一门艺术，具有一定的技巧成分，所以我们一定要灵活，不能过分的固执。灵活是一个人的思维方式，也是一个人的行为方式。

要想灵活，就要学着随着环境的变化而变化，当然不能失去自己的原则。如果不灵活会在人际交往中处于被动的局面，让人觉得你没有生机；如果太灵活了，就又会显得圆滑，这样的人，给人不安全、不真诚的感觉，很难交到朋友。而热情也是我们应该向老板学习的优点之一。一位热情的老板，更容易获得别人更多的好感。

好老板扩大和维护自己人脉的方法还有很多，面对复杂的人际关系，我们不妨跟着老板多学，多模仿，多实践。这样一定会让自己的人际圈子变得更大，良好的人际关系变得更加巩固。

▶▶ | 思 考 |

1. 你认为好的人脉关系可以为我们带来哪些好处？

2. 你是否会平衡办公室人际关系，你是如何做的呢？

创业方式：好老板都有自己的创业与盈利模式

复制老板的成功也不是一件简单的事情，要下苦功夫才能做得更好。
我们不能乐观地认为只要学着老板的经验去创业，就能成功。

提到义乌，很多人都想到小商品城等相关的字眼。在义乌这个地方，住豪宅、开豪车的成功商人比比皆是。也许你不知道，在这些成功老板的身上，有很多的成功是通过复制得来的。

刘雁鸣是义乌人，他最开始的创业经，就是从老板的身上取来的。以前，他跟着老板出去练摊，卖一些小商品。虽然老板是小老板，可是也有自己的一套经营方法。每当他与顾客讨价还价的时候，刘雁鸣就站在一旁用心学。从语言的内容到说话的口气，他都会留心。后来，老板的生意越做越大，开了自己的店铺，他也跟着去经营。

几年后，老板又开展了网上的业务，他开始跟着老板学做网上的生意。老板经常开着阿里旺旺的窗口和顾客聊天，一问一答忙得不亦乐乎，他在老板的身边用心记下了老板的聊天方式。渐渐地，他自己可以独当一面的时候，终于决定离开老板自己创业。他用自己的积蓄买来了第一批商品，从摆摊开始练起。渐渐地有了积蓄之后，也学老板那样开了一家网店，开展实体门店和网上的业务。几年之后，他也成为以前老板那样的成功商人。可以说，他的经历就是老板经历的再一次复制。

刘雁鸣的经历给我们不少启示。跟着老板学习创业，无疑是一条捷径。这就好像是在走路的时候，你不知道走哪条路能迅速到达目的地，那就不妨跟在别人的后面，循着他们的脚印走，可以少走很多的弯路。

义乌工商学院工商管理系的老师龚昌义说过这样的话，他说每年寒暑假有将近一半的学生自愿留在学校打工或者创业，他们走进义乌这个全球最大的小商品市场，或做营销，或是采集信息，或当讲解员，活跃在市场上。这些学生不是为了挣钱，而是为了向老板学习打工的经验。

一位老板在创业中会遇到很多的问题，比如说，有的老板做大做强了，他们肯定会遇到"瓶颈"，如仓库存货如何管理，如何管理手下的雇员？……很多很实际的问题会变成无法回避的难题。此外，还有工商税务、营销策略等好多事情都需要进行处理。这些经验在书本上是学不到的，如果我们跟着老板实践一番，则很快就可以掌握。现在，很多企业开展了连锁店的模式，这是一条行得通的路。实质上，这就是一种创业模式的复制。

但如要复制，必须具备相应的条件。

苏婷最开始经营自己的公司的时候，化妆品都学原来的老板，从杭州、上海、广州等地进货。但是她后来发现，自己没有原来老板那些过硬的关系，很难以低价拿到货。由于进货的成本太高，利润太薄，她的公司很快就支撑不下去了。她这才发现，自己并没有像原来的老板那样具有经营的头脑，很多的生意看起来当初老板是轻松搞定的，可是背后还有很多的门道，她并没有全部学会，就跑出来自己创业，自然很难取得成功。最后，她的创业以失败告终。

因此，复制老板的成功也不是一件简单的事情，要下苦功夫才能做得更好。我们不能乐观地认为只要学着老板的经验去创业，就能成功。

在西方的一些大企业中，很多公司的决策人都是职业经理人。他们不仅掌握着公司，而且身家也进入了全球富豪榜的前50名，可以说这些人实质上是公司成功的老板，这是西方企业制度的核心机制。他们有自己一套成熟的规范和技巧，国外很多公司都是靠规范管理制度、掌握成熟的公司管理技巧来实现创业的，可以说他们用一套成熟的机制为自己的事业保驾护航。

大量的经验让公司的成功变得简单，而一个真正多元化的企业，往往会增大复制的成分，这些成熟的因素在企业的创办过程中发挥着重要的作用。这些公司的老板，也就是真正掌握了复制技术的人，往往让自己的成功少走了许多弯路。

那么，我们如何复制老板呢？

1. 找老板最具优势的性格来学习

每个老板都有自己的性格，都具有多面性，有的客观保守，有的激进，还有的喜欢借助别人的力量，有的可以不顾一切去做一件事情，还有的会保守地做一件事情，有的对不同的事情有不同的看法。所以，不妨挑他最具优势的性格来学习。

2. 学习老板丰富的职场经验

有了这些经验的指导，我们可以少走许多弯路。

3. 学习老板为人处世的方式方法

一个人的成功，与他如何对待别人有着很大的关系，我们不妨从中汲取经验和教训。

4. 不同的老板有不同的创业环境

我们在学习一位老板的时候，千万要注意他的多面性，不要盲目地跟风效仿，以免被别人贻笑大方。

▶▶　| 思　考 |

1. 你认为老板的创业过程值得复制吗？为什么？

2. 你认为复制老板就能成功吗？为什么？

眼光独到：好老板都有高人一等的眼光

生活中不是缺少机会，而是缺少发现。如果你能从老板看问题的方式方法中学到一些技巧，你就会发现，自己考虑问题的时候，已经换了全新的角度和方法。

相信每位读者都有这样的经历。在我们小的时候，看所有的事物都很"庞大"，比如说看房屋，看家具，甚至看街道上的车辆行人，无一不是非常庞大的。可是慢慢地随着我们年龄的增长，身高也在增长，视角也会渐渐变得不同。许多看起来高大的物体，其实并没有我们想象中的那么大体积。

同理，作为老板和员工，由于所处的地位不司、阶层不同，看待事物的眼界和结果也是不一样的。老板的眼界更具有远瞩性和策略性。

有的老板会以更专业的角度来理解和看待事情，而员工则习惯于用自己直观的感觉去看待，远远不及老板的眼光客观和理智。

前些日子，曾经发生过这样的一件事情。一家国际型的大公司有两位销售总监：一个销售业绩 6000 万，还有一个销售业绩 1 个亿。当让老板决定他们去留的时候，你认为他如何进行选择。相信看到这里，有很多的读者就会说，这还不简单，当然是留下那个销售业绩达到 1 个亿的人了。可事实上，老板的决定让很多人吃惊，他留下了那个业绩 6000 万的销售总监。

原因其实并不复杂，这位销售总监所在的区域是空白区，他去开发销售的地区，好多销售经理都去过，效果非常不理想，连成本都很难收回来，但是他却实现了销售业绩的突飞猛进。至于那个销售业绩达到 1 个亿的销售总监，所去的是一个原来业绩非常好、可以达到 6 个亿以上的销售区域，他去了之后，销售业绩不断萎缩。精明的老板当然用他的眼睛看到了这一点，所以很快就做出了决定。

老板的眼光，和员工的眼光是不一样的。通常来讲，他们所处的职位决定了他们的眼界必须顾全大局，综合考虑。每个公司的发展阶段不同，用人方式、授权方式、职责待遇也不相同。所以，老板在考虑一个人工作做得怎么样的时候，他会考虑，这一工作是在多长时间内做出来的？是在什么基础上做出来的？是借助什么样的条件做出来的？是以其为主还是以其为辅做出来的？是从零开始还是在原来的雄厚基础上做出来的？这些都是问题。当然，这些也都需要时间来证明，更需要用长远的目光来考虑，这就要考验老板的眼光怎么样了。

通常来讲，老板所要面临的考验和风险非常多。商场如战场，如果一个老板没有好眼光，那么很容易就会形成"兵熊熊一个，将熊熊一窝"的局面。老板靠的是真本事，而不是天天坐在办公桌后面发号施令。

上中学的时候，学校附近开了一家水吧。当时这种玩意是新兴的事物，进去消费的人非常少。有一次，我的同学在下雨的时候刚好经过水吧，躲进店里避雨，老板让服务员给他们端上免费的热饮料。当时，服务员悄悄地和老板争论说，这些东西一定要收钱。可是老板与服务员的眼光是不一样的，他觉得这是一个做宣传让消费者体验的好机会。他毅然拒绝了服务员的提议，决定免费向进来躲雨的学生提供热饮料。

不出老板所料，喝过饮料的同学都自发地帮老板做起了免费的广告。许多同学都跑去消费，水吧的生意渐渐地红火了起来，老板也因此赚到了钱。

这个事例很简单，却说明了一个深刻的道理。当老板，眼光就是比服务员的眼光要放得更长远。老板想到的是借这些学生的口碑替自己的小店做"活广告"，而服务员想的是眼前的这笔钱能不能收回来。由此可见，老板与服务员考虑事情的时候，角度是不一样的。老板考虑的是长期利益，而大多数员工想到的只是短期的利益。

事后，有人赞叹老板手段高明的时候。老板坦言，当时投资小店的时候，他很怕血汗钱打了水漂，所以他经营过程中的每一个决定都是经过慎重考虑的。其实，老板未尝不想迅速回本，马上盈利。但是做过买卖的人都知道，世界上根本就没有那样的好事，只要是做生意就存在风险，所以目光就要长远一些。

综上所述，我们不妨把老板当成自己的活教材，向老板学习如何开阔自己的眼界。

首先，我们要学习老板看待事物的视角，用理智和冷静的态度来观察人生。

其次，我们要学习像老板那样用长远的目光来看待问题。

最后，还要学习像老板那样有预见，提前控制好风险。

生活中不是缺少机会，而是缺少发现。如果你能从老板看问题的方式方法中学到一些技巧，你就会发现，自己考虑问题的时候，已经换了全新的角度和方法。看问题的视角不同，得出的结论也会不同。在分析问题的时候，分析的方法和手段也不会相同。这些不是一天两天就可以锻炼出来的，而是经过长期的积累和发展形成的。因此，尝试着向老板请教分析问题的方法，尝试着从不同角度来考虑问题，你就会发现，原来自己也可以当老板，而且还可以当一个好老板。

> ▶▶ |思 考|
>
> 1. 你认为"老板的眼界高于员工"的理论成立吗？为什么？
>
> 2. 如果你是老板，你会主动带领员工"开阔眼界"吗？为什么？

行业摸底：好老板都熟知行业规律

在创业的过程中，存在着一个铁定的规律，那就是经验越少，风险越大，而失败的可能性也就越大。如果能从老板那儿对某个行业多一些了解，就能让风险降到最低的程度。

当我们在做职业规划的时候，对行业的现状和前景会怎么判断呢？又有哪些数据可以作为我们判断的依据呢？我们对行业的了解究竟有多少取决于我们自己的行动。如果我们能从自己的老板那儿看清行业，无异于对自己行业的摸底。

每一个人对行业的理解是不一样的。站在老板的角度来讲，通常会考虑到未来市场的容量、公司发展的速度、政策的分析等。最常用的判断标准有关于投资回报现金流等。虽然公司的人为自己的职业进行考量的时候不会这么专业，但是老板会考虑到方方面面，甚至于公司将来的走向，行业的发展前景等。

罗小阳在汽车行业工作，他听老板讲起汽车行业的周期，得知在不同的国家里，汽车行业会呈现出不一样的发展轨迹。老板对他讲了许多关于汽车行业发展的知识。罗小阳渐渐得知，市场上对汽车美容和改装的需求正在逐步加大，于是，他留心相关的技术并且报了一个培训班加强学习。几年后，他筹集资金开了一家汽车美容店，果然生意不错，他很快成为这个行业的翘楚。

若不是当初罗小阳从自己的老板那看清了行业，估计他也不会有今天的成就。可以说，是老板给了罗小阳一个进入该行业的好机会。职场专家们普遍同意的一个观点就是，相对于判断行业前景这种大命题，可以选择一家好的公司，这样对自己将来的职业发展会更有帮助。

如果你已经投身了一个发展前景不错的行业，那么在进入这个"大门"之后，还要进入无数的"小门"，而且这些"小门"非常重要。关注老板的言谈举止，你可以从中了解到行业的一些相关信息。通过对这些信息的分析，你可以揣摩出一个行业将来发展势头的端倪。

相对而言，从老板身上得到的消息，远比道听途说来的可靠。从老板的身上，你会发现，老板会对这个行业的一些内幕做出准确的判断。

在我们的生活中，我们经常会看到一些行业像过山车一样快上快下，与政策相关度不高的行业相对来说就比较平稳。要想掌握一个行业的趋势信息，最简单的方式就是阅读媒体中的相关分析报道，或者找一些在行业内工作的人交流，而老板就是交流的最好人选。

张露最开始加入的行业是餐饮业。在她看来，自己开个小饭馆是很轻松的事情。只要请上几个服务员，再找上几个大厨，就能轻松搞定。所以，她在当服务员的时候，并没有和老板有过多的交流。

后来，她结婚了。丈夫出资为她开了一家饭店，让她管理。张露自己当了老板才知道，其实开饭店并不是什么简单的事情。员工的压力和老板的压力根本就是没办法比的。当员工的时候，基本就是"一人吃饱，全家不饿"。可是当了老板才知道，这行要花费多少心思。该交钱的地方要打点好，该办理的事情不能有半点松懈，公司是自己的，开了工就不能走回头路。老板在赚钱的同时，还要支付房租、税收、水电费、员工的工资等、还有许多的杂事需要处理。这个行业有许多的潜在问题需要解决，根本和她想的不一样。等生意真的做起来之后，她才明白当一个老板有多难，后悔当初在这个行业跟着老板干的时候没有好好学习。其实老板就是最好的老师，她白白错过了这个好机会。

大部分人都经历过与张露相同的遭遇，如果当初虚心一些，向老板取取经，自己的创业之路会走得更轻松一些。

通常来讲，创业分成两个阶段：第一个阶段就是创建阶段，第二个阶段就是经营阶段。在第一个阶段里面，我们会根据自己的创业构想，构建自己的事业，比如说在开店的时候，确定店址和装修，采购商品，建设厂房，购买相关的设备，招聘员工，购入原料，试生产等，这些都需要资金投入。接下来，我们才进入试生产的模式，开始进入第二个经营的模式，尝试着把产品卖出去。这里面会接触到大量的问题，需要你做出决策行为。而决策行为的发生，需要你根据现有的经验去做出判断。若是你的经验匮乏，你又如何处理眼前的这些事情呢？如果我们能提前通过老板了解了这一行业，就会提前了解这个行业的一些问题的解决办法。当我们心中有了这些办法的时候，就会知道自己想要什么，想做什么，而且当这些想法付诸现实的时候，内心的不安就会减少。此时，自信心就会增强，从而在内心造成一种波动和推力，进而形成内心世界的冲突，推进决策行为的发生。

　　每个人在创业之初的时候，不缺年轻人的朝气、想法、干劲和冒险主义精神，但是缺少经验。在创业的过程中，存在着一个铁定的规律，那就是经验越少，风险越大，失败的可能性也就越大。如果能从老板那儿对这个行业多一些了解，也就让风险降到了最低的程度。

》》| 思 考 |

　　1. 你或你身边的人有过跟张露同样的经历吗？你获得了哪些启示？

　　2. 你觉得一个创业者最好做过哪些"行业摸底"的准备？

为人处世：好老板的处世哲学都很值得借鉴

> 好的老板就像是一部大百科全书，从他们的身上，我们不仅可以学到创业的技巧，还能学到处世的哲学。

心理学家研究发现，每个人从模仿中学习比从其他地方学到的知识要多得多。有相当一部分人会注意倾听，观察别人的动作。所谓"近朱者赤，近墨者黑"，就是这样的道理。一个人的姿态动作，甚至表情和声音、讲话的常用语气词，大部分都是来自抄袭你最亲近的人。比如说我们的父母、我们的老师、我们的朋友，这些人都会多多少少地影响到我们，而老板也是影响我们的关键成员之一。如果我们能学点老板的做人之道，了解一些老板的处世哲学，那是再好不过的事情。

唐梦娇刚开始进入一家旅游公司上班的时候，工资只有 1400 元。当时同学们都劝她不要再做下去了，可是她却坚持了下来。在她看来，刚毕业的学生挣到多少钱并不重要，重要的就是能学一些经验。

她的老板富有很强的人格魅力。无论哪次开会，他都能迅速调动大家的积极性和气氛，而且与大家相处融洽。老板开诚布公地说，现在公司刚刚起步，不可能给大家好的收入，但是等公司赢利之后，一定不会亏待大家。作为一个老板，他没有专门坐在办公室里发号施令，而是跟着大家一起带团出游。

唐梦娇有幸和老板同处一车，看他如何带团。每次这些旅游的队员上了车，老板就给大家讲笑话，有的时候还唱歌，或者号召大家一起猜谜语。每个人都很开心。当下车的时候，老板就站在车门口，搀扶年纪大的人，或者帮别人拿东西，或者帮大家察看车上有没有遗漏什么物品，每一个人都成了他关心的对象，大家都把他当成亲人一样。可以说，在每一次旅游的过程中，大家都被他的人格魅力所感染，以致回去之后，还经常介绍身边的同事朋友到他的旅游公司报名。

公司渐渐扭亏为赢，唐梦娇的收入水平也水涨船高。后来，当若干年后她开办自己的公司时，仍对这段经历津津乐道。她说是老板快乐的精神感染了自己，老板的为人处世也让她受益匪浅。

我经常听很多的年轻人抱怨，自己找不到好的工作。我经常为很多人挑工作时提出的条件感到不解。他们考虑的不是自己会遇到一个什么样的老板，有没有更好的潜力发展空间，是否可以学到经验，而会问，工作时间长吗？要不要加班？福利好不好？假期长不长这样的问题。这样的人表面上看起来聪明理智，却忽略了最重要的一点，工作是一个长期的项目，我们不是干几个月就退休了，所以要考虑的也是长期而艰巨的任务。我们最不应该忽略的一项重要的因素就是"我要选哪些人成为我工作的导师？"

这个问题就比如说我们自己是一名足球队员，毕业后想效力职业足球队，我们首先关心的不是会得到多少钱的工资，而是自己跟的教练是谁？这个教练会不会重视你，会不会培养你，会不会与你配合默契，最重要的是他能不能教导你，这些都是最最关键的问题。

如果一位老板无法教你更多为人处世的本领，无法帮助你达到预期的计划，那么你跟着他挣那点可怜的工资，又有什么意义呢？

与什么样的人交往，如何为人处世，这对我们日后的发展至关重要。如果我们想长久地生活在一个安全的圈子里，我们就应该努力去接触那些懂得如何为人处世的老板。每个人都有自己崇拜的人和崇拜的对象，我们愿意崇拜和学习那些距离我们遥远的人，却往往忽略了自己身边的智者。这一点在对老板的关系上表现得非常明显。有些人出于道德和感情上的需要，或者是出于嫉妒，往往会忽略老板的优势。

如果我们在平时注意留心老板的一言一行、一举一动，观察他们处理事情的方法，就会发现，每一位老板都有着与普通人的不同之处。如果我们能做得和他们一样好，甚至做得更好，才有可能擦去生命中粗糙的部分，让我们变得更加优秀。

▶▶ 思 考

1. 唐梦娇的故事给你带来了哪些启示?
2. 浅谈你的老板身上最让你钦佩的地方。

03

好老板是伯乐：

学对了老板，成功可以"抄近路"

跟对老板，给自己一个高起点

好老板不仅会在工作中指导我们，而且我们的观念和思想也会受到潜移默化的影响，这对我们的人生而言，就相当于走了一条捷径。

有一个道理，想必大家都明白，跟对了人，就会少走很多的弯路，甚至有可能会对我们的一生产生极为重要的影响。

举个简单的例子，想必大家会更容易理解这个道理。《西游记》中的猪八戒，大家都很熟悉，他智商不高，有的只是小聪明，而且多和吃吃喝喝这些没出息的事情有关系；他的情商也不高，经常会做出偷懒耍滑被妖精骗的行为。这样的人，如果跟了别人，只能当个没出息的妖精，是不可能成佛成仙的。可是他居然跟着自己的师傅和师兄走到了西天，并最终成为万众瞩目的佛。他成功的原因很简单，那就是他跟了唐僧这个高起点的老板。如果当初他没有跟着这个团队，结果可能就是另一个样子了。

在生活中，我们身边经常会有这样的人，他们很有才华，而且能力非凡。他们在学校里，是很多人喜欢的佼佼者，是老师眼中的宠儿。可是当他们走出校园，到了社会上，却往往因才华得不到施展，而埋没在普通的人群中。

侯明和罗刚是大学同学，大学毕业之后，侯明没有留在省城发展，而是选择回到他家所在的小县城，在一个规模不是很大的小工厂里，当了一个普通的工人。因为公司规模不大，故而谈不上什么发展机遇，侯明每个月拿着微薄的工资，终日郁郁寡欢。而当初专业成绩不如他的大学同学罗刚，反倒有了很好的发展。原来，罗刚大学毕业后，也是在一家小公司上班。不同的是，这个公司的老板对公司的同事非常不错，手把手地教会他们很多生意上的技能和方法。大家也没有令老板失望，勤奋努力地学会老板教给他们的所有东西，公司发展前景一片大好。渐渐地，他们公司的生意越来越红火，规模也越发展越大。

当有车有房的罗刚去参加同学聚会的时候，候明不由得感叹，如果自己当初跟定了这位老板，肯定不会是现在的这种样子。一个高起点的人生，自然会有高收获。

大家知道一句俗语：是金子总会发光的，但被淹没在尘土之中的金子会失掉光泽。而只有具备了光的反射，金子才会显得光彩夺目。这就好像是一个有才华的人，空有其才华，如果没有人引领他步入一条捷径，是很难快速获得成功的。

试想一下，如果我们初入社会，虽然热情，无所畏惧，渴望成功，但是却缺少前进的方向，没有更多成功的经验，缺少帮助自己成功的平台，在这种情况下，你又会怎么做呢？是先跟对人，准确地进行定位，还是找到方法，获得平台？

显而易见，答案是后者。

说起来，跟对人，是一种"借"的智慧。三国的时候，有草船借箭的智慧，还有诸葛亮借东风的智慧，更有那些借力成功的智慧。一个年轻人，如何选择一个值得跟随的人，是非常重要的。进入职场，我们最重要的就是跟对老板，得到老板的重用，从而让自己的升迁变得更加容易。

做对事是一种对成功的选择，是我们被认可的前提。这个成功，除了我们自己的努力，也包括一些做事的能力和技巧，这些才是制胜职场的关键因素。在跟对人的基础上，我们做对事的把握才会更大一些。当然，这不是简单的加减乘除，而是一门精深的职场学问。用一个对的方法跟对了人，你的一生将会在做事的时候增加成功率，从而尽快取得成功。

关于跟对人的例子，在我们的身边不断被验证着。比如说我们平时看的电影、电视剧中，经常会看到这样的情景，那些跟着正面人物的主人公，虽然受尽磨难，但是最终一定会苦尽甘来，迎来一个光辉灿烂的未来。如果跟错了人，误入什么黑帮或者邪恶势力，哪怕你原本是好人，但是总归很难逃脱厄运，这其实就映射出了跟对人的重要性。

当然，生活没有这么复杂，但是遇到一位好老板，对我们来说是至关重要的。一个人选择了高起点，就会少浪费许多精力。

张华大学毕业的时候，没有进入小律师事务所上班赚钱，而是进了一家很大的律师事务所实习，做一名没有工资的实习生。但是在这里，他有机会接触大案子，更有机会办大案子，这样一来，就增长了许多的见识，为将来自己接手大案子做了良好的准备。在这里，他干了一年免费的实习生。每当事务所有了大案子，他总是抢着去给主办律师当助理，积累了许多实际的处理案件的经验。在他看来，这是一个很重要的经验积累过程。试想一下，如果他只去小律师事务所，无非只能接一些小小的民事纠纷的案子，是没有机会办大案子的。时隔不久，刚好有家大的律师事务所招聘，他以自己丰富的实习经验被这家单位录取了。

张华一开始就盯在了高起点上，所以他能找到这么好的工作也是很正常的。跟对了人，就好像是找到了机会和巨人站在一起，这样我们就成功了一半。当然，这样的前提就是我们也需要自己有独到的眼界和胸怀。因为如果想和巨人走在一起，也不是普通人就能办到的。

那么，该如何选对一个高起点的老板呢？

1. 观察老板

找工作的时候，也要"考察"一下自己的老板。观察他是否具有魄力，是否具有影响力，是不是浑身具有正能量，是不是具有长远的规划和理想。

2. 了解老板以往的经历

了解他是不是曾在过去的人生中创造过辉煌或者有什么出色的经历，或者优秀的想法。只要你的老板曾经做过出不凡的成就，就证明他是一个不平凡的人，我们就可以放心地和这样的老板共事。

3. 了解公司的状况

了解一下公司当前的状况，是不是处于上升期，是不是一个富于蓬勃生命力的整体，是不是有前途。

了解了这些，你就可以做出理智的判断，根据自己的想法顺利找到一位高起点的老板。人人都希望自己有个好上司，遇到好老板。好老板不仅会在工作中指导我们，而且我们的观念和思想也会受到潜移默化的影响，这对我们的人生而言，也相当于走了一条捷径。

那么高起点的人生对我们有什么好处呢？

我们会因此绕开一些陷阱，这些陷阱可能会让我们掉进"坑"里，还有可能会使我们的人生变得非常坎坷，甚至会使我们损失精力、时间、金钱，会磨光我们的信心和耐心。

▶▶ | 思 考 |

1. 你认为高起点的人生对我们有什么好处呢?

2. 你会考察自己的老板吗? 怎么做的?

好老板扶你走一步，胜过你自己走百步

　　老板是职场的拥有者，手握着生杀大权，拥有鞭笞员工、指使员工的权力。如果我们在人生过程中能被老板扶一把，往往胜过我们自己走好几百步。

　　说到这里，可能有人会说，我的老板根本就没有兴趣扶我一把，更没有兴趣培养我。而且我的老板是一个很自私的人，我怎么能指望他帮我呢？这样的情况在现实生活中也并非没有，客观地来讲，老板没有扶你一把的义务。

　　但是谋事在人，成事在天，无论老板对我们态度如何，我们一定有机会在老板的身上学到东西。老板之所以成为我们的上司，一定有他过人的地方，他不教我们，我们可以通过自己的眼睛观察、通过自己的心灵去感受，去主动学习。所谓师傅领进门，修行靠个人。并不是每个师傅都有兴趣手把手教你的，当我们把从老板身上学习到的一些知识运用到自己的生活中之后，岂不是让老板在无形中扶了自己一把吗？

　　著名的影星成龙，在最初出道的时候，没有人请他拍戏，就算是扮演个小得不能再小的角色，他也总是捞不到在镜头前露脸的机会。后来，他找到一位当红的影星，给人家当小弟。每天的工作内容，就是替这位影星擦车。也许你看到这里会感到非常不屑。可事实是，成龙把这件事情做得非常不错。他用牙签把轮胎里的泥一点点抠出来，用毛巾把车子擦得像新的一样，大明星很感动，从此之后一直很器重他，不断把他引荐给各位导演，很快成龙就找到了在影视圈发展的机会，并迅速走红。

　　如果没有这位贵人的帮助，也许成龙还在影视圈的大门外徘徊。可以说，是这位大明星给成龙搭起了一个成功的平台，在这里，大明星既是贵人，也是成龙实质意义上的老板。

看到这里，可能有的人会说，那我怎么才能让老板成为自己的贵人，让他扶我们一把呢？这个问题听起来简单，做起来却并不容易。

1. 让老板注意到你

老板的手下有无数的员工，有的甚至他根本叫不出名字来，要想让他注意到你，就得想一些相应的办法。因此，我们在日常的工作中，一定要表现得很出色，要让自己显得与众不同，这样才能让老板注意到你。当你的出色能力引起老板注意的时候，也许你升迁的机会就来了。

2. 无论学识怎么样，一定要如饥似渴地学习

当今社会迅速发展，新鲜的事物、新的知识不断涌现。所以无论我们在哪一行，都应该保证自己一直处于"学习状态"。以免当老板想提拔你的时候，你一无所知，或者知之甚浅，就算机会再好，也会被白白浪费。

3. 做人一定要大气，做到真诚

一个爱计较的人，是很难走得长远的。比如说，你天天计较老板是不是又批评你了，是不是又扣了你几十块钱的工资，或者老板无意中说的哪句话伤了你的心，天天想这些事，很难对老板产生好感。如果是这样的情况，你又如何能与老板搞好关系，又怎么能得到他的扶助呢？

4. 强烈的上进心

一个人如果内心没有强烈的向上的欲望，是很难得到老板赏识的。老板也希望提拔自己器重的人，如果不求上进，这样的人老板不会产生半点兴趣。

5. 作一个有原则的人

一个有原则的人，做事才有分寸。这样老板在扶你一把的时候，才不会有所顾忌。中国有句古话叫："教会徒弟，饿死师傅。"意思就是师傅在教授徒弟技艺之后，会被徒弟赶超，而自断"活路"。所以有的师傅在教弟子的时候，总喜欢留一招，否则徒弟教会了，不是要饿死师傅吗？

同理，也许老板在教你的时候，心里会想，若是我把他教会了，他自己转身去另外开一个公司怎么办？有这种想法的老板并不是没有。但是如果你没有原则，老板就会顾虑更深，他们想来想去，就觉得还是不帮你为好。这样的人，岂不是白白损失了很多的机会？所以，要做一个有原则的人，你的人品好，老板才会有帮你一把的欲望。

总而言之，老板帮我们一步，胜过我们自己走百步。更加重要的原因：老板是出钱开公司的那个人，他是职场的拥有者，手握着生杀大权，拥有鞭笞你、指使你的权力。如果我们能趋利避害，巧妙借助老板的力量送我们一程，一定会胜过自己苦苦摸索而不得其门而入。

▶▶ │思 考│

1. 你认同"工作越努力，运气就越好"这句话吗？为什么？

2. 在日常的工作生活中，你是否会刻意学习老板身上的优点，为什么？

"识货"老板让你有用武之地

找一位识货的老板，对我们的人生而言，非常重要。一位识货的老板，才会有可能给你施展才华的平台。

说起慧眼识人，想必每个老板都巴不得自己有这样的本事。反过来讲，站在"被老板识"的立场上，我们也要学会挑老板。要知道，只有那些"识货"的老板，才有可能给我们用武之地。

有的人肚子里有"货"，却苦于无人认识，于是终其一生，只能闷在肚子里变朽烂，没有出头之日。但是如果我们能遇到一位"识货"的老板，可能情况就会好许多。这就好像我们自己是一件古董，摆在货架上待价而沽。如果遇到一位识货的老板，说出我们的来历，珍视我们的价值，我们就会卖个好价钱。如果碰到一位不识货的老板，可能在他们眼中这就只是一件旧东西，破破烂烂的，根本不值得买下来。遇到这样的老板，你还有兴趣跟着他干吗？估计答案肯定是否定的。

事实上，跟着一位识货的老板，和跟着一位不识货的老板，情况是有着很大的区别的。像魏征跟着李建成的时候，只做到了谏官，这只是一个很小的官职，在当时的社会而言，根本不值得一提，恐怕他有再大的才华，也是没有用武之地的。而当他跟着李世民的时候，却得到了提拔与重用，成为历史上特别有名的宰相。如果不是碰到了这位识货的人，恐怕他是很难得到重用的，更不会有后来的名垂千古了。

由此可见，跟对人，找到一个识自己货的老板，对于一个有才华的人而言是多么的重要。

有人会问，那我们如何才能遇到一个识货的老板呢？如果遇不到这样的老板，我们是不是就没有出人头地的机会了？

事实上，现在公司数量很多，大大小小的老板也有不少。有的老板慧眼识人，有的老板自以为是。他们手下也许有很多有才华的人，但是如果这些有才华的人得不到重视，将会让很多有货的人白白地浪费掉。"货"也是有保质期的，当一个人的才华长期得不到重用的时候，会让他们感到很无奈，但是如果继续待下去，自己的才华和技能可能早就跟不上时代了，只能被时代淘汰。

宋阳最初找到的一份工作，是在一家仓库做门卫。除了担负门卫的职责外，他还经常利用空闲时间帮助仓库里的其他同事做一些力所能及的工作。可是即使这样，老板还是觉得他是个"闲人"，经常把他喊去做各种杂活。后来，宋阳就辞职了。他以前当过兵，还会散打擒拿等技能，他不想天天窝在这里给这种不识货的老板干活。

不久，宋阳来到另外一家公司上班。公司听说他当过兵，有过硬的技能，于是便将他招收当了保安队的队长。凭借负责的工作态度和过硬的身体素质，他很快得到了提拔和重用，先是升职成为安保科的科长，后来，他由于具有过硬的胆识和技能，又负责了公司的一项管理工作。再后来，他又跟着老板创办了自己的保安培训公司。

宋阳的经历告诉我们，一个识货的老板，会尽量给你用武之地的。反之，一个不识货的老板，可能觉得你根本就是多余的人，或者说是没有才华的人。不要一味跟着那些不识货的老板干下去，这是一件非常危险的事情。因为在表面看来，也许我们察觉不到危险，可是事实上，我们已经陷入了危险的境地中。等过了十年，或者二十年之后，如果我们被老板抛弃的时候，才发现自己做错了。这时候，所谓的工作，只不过是虚度时间，浪费了你大量的好光阴，更浪费了你无数成功的机会。

那么，我们如何去找到一位慧眼识人的老板，以便让自己有用武之地呢？

1. 求贤若渴的老板远比那些自以为是的老板可爱得多

当我们与老板接触的时候，很快就可以感受到他的人格魅力。如果是一位慧眼识人的老板，他们会详细地为你讲解入职之后的具体要求，而不是一味地让你做出让步，以最低的成本获取更大的利益。

2. 寻找那些脾气与秉性与自己相类似的人

所谓物以类聚，人以群分。一个与你性格爱好、兴趣都很投缘的老板，确实更容易对你产生好感。一个人如果对你不错，你也会觉得他不错。两个性格相投的人，会相处得很融洽。在这种情况下，老板如果有什么重要任务，很可能第一个想到的就是你。

3. 了解一个老板的用人风格，了解基本的用人要求

当你对一位老板的要求了如指掌的时候，自然更容易揣摩到老板具体的心思。了解了对方的需要，你就可以根据这些知识判断，自己究竟是否适合跟着老板干，要不要留下来，会不会做出老板想要的成绩。在这种情况下，你一定会对老板有更深入的了解。此时，再决定去留，就会变成一件很容易的事情。

综上所述，找一位识货的老板，对我们的人生而言非常重要。一位识货的老板，才有可能给你施展才华的平台。因此，我们不妨也给自己挑挑老板，找一些"识货"的老板来打工。这样一来，成功的概率就增加了许多。

▶▶▶ | 思 考 |

1. 在过去的职场生活中，你觉得自己"怀才不遇"过吗？如果有，请谈谈令你记忆最深刻的一次经历。

亮出你的优势，让好老板发现你

> 别人会做的事情，自己也要会做，而且还要做得更好。我们只有做事比别人好，比别人更出色，才会在同事中表现出自己的优势。

我们都有这样的体会：大家去喂鱼的时候，那些引起我们注意的，往往是体积最大，或者颜色、种类与其他鱼不同的那一条。同理，一批员工被招聘进入公司，大家的水平都差不多。但是过了一段时间之后，有的人被提拔得到了重用，但是有的人却表现平平。这主要是因为有的人懂得如何向老板展示自己的优势，而有的人却不懂得如何展示，引不起老板的注意。

作为一个老板，最喜欢的员工自然是那些有出色能力和业绩的人。如果让一位老板去接触自己的手下，天天花时间了解他们，这是很难办到的。毕竟老板手上有很多的事情，不可能天天花时间去观察自己的员工。但是，他们会有意或者无意地去了解自己的员工，如果在老板观察你的时候，你没有用心工作，也没有展示自己的优势，这样的员工自然很难获得老板的赏识。如果你做得很好，还敢于向老板展示自己的出众之处，这样的员工，往往是老板下一次提拔的备选对象。

我们知道，在现实生活中，大部分员工与老板的接触，基本上就是汇报工作，或者在电梯里与老板擦肩而过。我们没有那么好的运气天天去电梯里和老板碰面，但是汇报工作的时机，却是可以把握的。

老板有可能会突然出现在你的身边或者办公室，如果你正在打游戏或者玩QQ，无论你的工作能力多么强大，你照样会给老板留下很不好的印象。

老板都是粗中有细的人，他们都在暗中观察员工，不定时，不定期，如果有什么表现，他会暗记在自己的心里。他们的经历也很丰富，他们也想通过自己的双眼从中挑出可供培养的好员工。我们要做的，就是尽快把自己的优势表现给老板看。

钱小钟是一个新员工。他办事认真在办公室是出了名的。本来，他是没有机会直接和老板打交道的。但是有一天，他有事加班留在公司，刚好老板临时有一份重要的合同要打印，而他的私人助理又不在，老板就把这项工作顺手交给了钱小钟。当老板拿到他打印的合同时，大吃一惊。

因为这份合同堪称范本，不仅用词精确，表达准备，而且条款表述相当清楚，把很多以前没有涉及、没有想到的责任和义务也列到了上面。老板以为，他会拿以前的旧合同，复制一下再改一下公司名称就行了，没想到他还重新打了一份，这份认真与勇气，让老板对他刮目相看。

通过这件事，老板对他有了很好的印象。这就好像是一个品牌打了一个很好的广告，通过这个广告，老板对他产生了信任，而这个信任就是老板赏识的通行证。时过不久，老板就把他提拔为自己的助理，而且给他加了薪。

一个老板如果看到了你的优势，发现了你的才能，他一定会想办法物尽其用，人尽其才，当然，在重用你的时候，绝对不会亏待你。

肖强的运气却并不算特别好。在一次小组会议上，大家都在听组长在台上激情四射的演讲，有的在笔记本上狂记，有的在仔细倾听，而只有他在偷偷地玩手机。

正巧老板从会议室门口经过，偶然间发现了他的行为，立刻对他产生了非常不好的印象。而另外一位认真听讲、不停地在自己的本子上写写画画的同事则给老板留下了非常好的印象。

不久，这位同事就涨了薪，当肖强得知这件事的时候，他还十分不解地想到：为什么同事加了工资，而自己的工资仍在原地踏步？是不是自己什么时候得罪了老板呢？

肖强因为一件小事，给老板留下了非常不好的印象，从而"葬送"了自己的前程。

通常情况下，一位老板的手下会有许多员工，哪怕是小公司，也会有几个或者十几个同事与你共同听一位老板的调遣。那么，我们如何凭借自己的优势，引起老板的注意与赏识呢？

1. 时刻严格要求自己

不要以为老板没有看到自己，就放松对自己的要求，要学会自律。做到老板在和不在一个样，老板看到和不看到一个样。只要如此，就一定会让老板发现你的优点。

2. 发挥自己的优势

讲究策略和方法，不一定要玩命地工作，但是一定要显现出自己的优势和特长。比如说当公司有一个大单子，别人拿不下来，而你去谈判的时候获得了成功，老板就会非常赏识你，这样的情况下，自然会让自己得到老板的赏识。因为你在最关键的时刻，在最需要站出来的时候，替老板出力了。

3. 抓住所有机会锻炼自己

如果每件事都做得很好，老板就会对你非常放心，而这样一来，你就会获得老板的信任，他才有可能把重要的任务交给你去做。但如果你放松了对自己的要求，认为小事不必放在心上，浑浑噩噩地对待工作，那么同样会失去老板的信任，老板绝对不会再给你机会。即便是你有天大的本事，具有得天独厚的优势，老板也不会给你发展的平台。

4. 努力将工作做到最好

别人会做的事情，自己也要会做，而且还要做得更好。基层的员工，每天都会很忙，收入也不高，但是如果放弃自己，那永远没有出头的日子。我们只有做事比别人好，比别人更出色，才会在同事中表现出自己的优势。试想一下，如果你和别的员工表现一样，老板又凭什么会提拔你呢？

做好每一份工作都不是那么容易的事情。我们在与老板打交道的时候，要学着用事实说话，用优势说话，让老板高看我们一眼。这样，我们才能距离自己要实现的目标越来越近。

▶▶ |思 考|

1. 通过钱小钟和肖强的例子你学到了什么？请浅谈你的收获。

2. 在职场中，怎么进行自我优势评估以及发现自我？

别让坏毛病成为好老板错过你的" 遮眼布 "

一个成熟的职场人，是不会随随便便把自己的缺点暴露在老板面前的，这是最基本的生存之道。

在潜意识里，我们都把自己看成是一匹千里马。无论我们走到哪里，大家心里都在渴望自己能够遇到伯乐，赏识自己，给自己提供一个发展的平台。那么，如果伯乐来到你身边的时候，你的坏毛病会不会成为让伯乐拂袖而去的"遮掩布"呢？

我有一个朋友叫叶子成，毕业于名牌大学。他参加工作后，做了一位老板的助理，有一次开会的时候，老板让他发言，他刚开口讲了几句话，老板的手机响了，老板让他先暂停一下，自己要接电话。可是等老板接完电话，叶子成准备接着讲的时候，老板的手机又响了，老板再次示意叶子成暂停。

叶子成再也受不了了，他觉得老板太不尊重自己了。他觉得自己是名牌大学毕业的，高薪被招聘而来，不应该受到这样的待遇。于是他口气不善地对老板说了好几句顶撞的话，大意是让老板把手机关掉，要么就去外面接电话等。老板一听非常生气。当时在会议室，很多人看到了这一幕，老板觉得自己下不了台，丢了面子。就这样，事后老板对着叶子成黑了一个月的脸，而且同事们也都躲着他。

时过不久，叶子成去找老板审批一个文件，老板对着他大发脾气，叶子成实在不明白自己怎么得罪他了。事实上，这样的事情此后又发生了几次，最后他不得不辞职了。我们都为他感到惋惜。

在他离职后，老板与其他人谈起这件事的时候提到：那一天，老板在等一个非常重要的电话，而他又不想错过听叶子成的讲解。因为他平时很欣赏叶子成的才华，准备提拔他。可惜这个伯乐还没有提拔这匹千里马，就被这马踢了一脚，老板哪里还有兴趣做叶子成的伯乐呢？

叶子成不是没有能力，只是太心高气盛，他总觉得凡事要以自己为中心。哪怕老板在自己的身边接个电话也不行。老板可以对你多几分理解和尊重，但是这并非意味着，他们可以没有自己的底线。试想一下，如果一个在老板面前有着不少毛病的员工，他怎么能放心地把重要的任务交给你做呢？是叶子成的坏毛病，成了"遮眼布"，让自己与美好前途擦肩而过。

林华就是一个聪明人。他知道自己自尊心太强，心高气盛，有的时候不免浮躁，他就努力克服自己的这个缺点。有一次，公司的老板拍板做出了一项决定。在林华看来，老板的这项决定是不理智和不正确的。如果是往常，他肯定一拍脑袋就去找老板理论去了。可是这次，他并没有这样做。他先是写了一份详尽的计划书，针对老板的决定提了十几条意见，接着又把它发到了老板的邮箱里。在发之前，他先找老板进行了沟通。他说自己有一些不成熟的建议，希望得到老板的指教。老板看到他这么谦虚，很是高兴。接下来，老板带着愉快的心情看完了他的建议书，并且给予了高度的肯定。林华就这样得到了第一次加薪的机会。

如果林华在公开的场合顶撞老板，一定不会是这样的结果。老板的面子会被他踩在脚下，他自己也未必占到什么便宜。最要命的是，也许老板会因为他的这个坏毛病，觉得此人"朽木不可雕也"，从而放弃对他的提拔和重用。

我们大家都知道，木匠在做家具的时候，往往会在挑拣板材时尽力避开那些有节疤的地方，巧妙地把那些有毛病的部分剔除掉，如果实在避不开，也会尽量把这些有毛病的地方放在家具不起眼的地方。比如说床的底部，或者是柜子的里面，或者是凳子的下面。总而言之，尽量让外面呈现给大家的是一个光洁平整的平面。这样的做法，想必我们每个人都能理解。

同理，一个厨师在炒菜之前，在切菜时会下意识地去掉食材上有瑕疵的部分，如把有虫眼的部位、不新鲜的叶片，或者烂掉的地方巧妙地剔除。他们为什么会这么做呢？当然是努力给大家呈现出一个美好的观感。我们人也是如此，我们呈现给老板的那一面，为什么就不能完美一些呢？

诚然，我们也不想有这些坏毛病。我们也需要改正这些坏毛病，那么具体我们应该怎么做呢？

1. 挑我们最擅长的工作做

如果我们马虎，就不要做会计这类精细的工作，否则只能是一个灾难性的开始；

如果我们对时尚不敏感，我们就不要做那些走在时尚前沿的工作；如果我们心高气傲，性格浮躁，那我们就选一项可以让自己沉下心来，并激发自己兴趣的工作来做。

2. 暴露自己的优点，隐藏自己的缺点

每个人都有自己的长板，也有自己的短板，我们可以调整自己的位置，把长板那一面搁在公众的面前，把短板的那一面搁在公众的后面。不要过多地暴露自己的毛病。这就好像是人必须穿衣服一样，没有人喜欢天天裸奔。当大众的眼光在你的身上，让你无地自容的时候，你会意识到把自己的坏毛病暴露在公众面前是一件多么可怕的事情。而且当自己所有的缺点都暴露在老板或同事面前时，你以为老板还会重用你吗？

时时自省，反思自己的缺点，努力改正自己的过错。无数生活经历告诉我们，只有不断完善自己，才会获得更多的机会，得到老板的赏识。

▶▶▶ | 思 考 |

1. 如果你是老板，你不能接受职场中的哪些坏习惯呢？

2. 扪心自问，你认为自己身上存在哪些坏习惯，该如何改正呢？

跟对老板是前提，跟住老板是关键

> 世间凡事都有可能，跟住人的时候，我们所做的，就是紧咬牙关，咬定青山不放松。心有多大，梦想就有多大，跟住了老板，老板会帮你更快地接近梦想，让你实现自己的愿望。

雅芳公司的钟彬娴是许多人心中的奇迹象征。刚毕业时的她可谓一无背景，二无后台，她做的是最普通的营销工作。可正是因为她工作上超乎寻常的投入，很快引起了她职业生涯中的第一个贵人——鲁明岱百货公司历史上的第一位女性副总裁法斯的关注。在法斯的提拔下，钟彬娴 27 岁就进入了公司的最高管理层。

后来，钟彬娴觉得自己的发展空间有限，于是去了雅芳公司。在那里，她遇到了她的第二位贵人——雅芳公司的 CEO 普雷斯。由于普雷斯的欣赏和举荐，加上她个人的努力，钟彬娴最终坐上了雅芳公司 CEO 的位置。

值得一提的是，1993 年钟彬娴与雅芳前 CEO 吉姆的一次会面。当时，吉姆办公室的饰板上印有四个足印：猿猴、赤足男人、男式皮鞋和女式高跟鞋。上面的题词很简单：领导权的演变。当时美国《财富》杂志评出的 500 强企业还没有一家是由女性领衔。吉姆看着钟彬娴，说："我完全相信，在未来的 10 年中一定会有一位女性来领导雅芳。"钟彬娴根本没有想到，这个打破了玻璃天花板的女人，就是她自己。

一个出身如此平凡的女性，在十几年的时间里就取得了辉煌无比的成就，不可否认其个人的努力，但最重要也最关键的原因是她跟对了人，碰到了改变她命运的两位贵人。

在职场上，跟对人只是一个大前提。最关键的事情是，我们还要跟住人，否则，你就算是再跟对人，也是没有用的。

成功大师林伟贤先生曾经说过这样的话：在 30 岁之前要跟对人，在 30 岁之后要做对事情。而做对事，就是继续跟下去，坚持到底。

通俗来讲，跟对人，就好像找了一个赚钱的投资项目，这个项目并不是一朝一夕就可以拿回成本，获得利润的，它需要我们长期的经营。可是如果我们坚持不下去的话，会血本无归，做成赔本的买卖。

前些日子央视科教频道讲了这样一件事情：有几个人合伙去做蓝莓种植生意，获得了农科院的支持——有个教授免费给他们指导。可是一年过去了，种蓝莓没有赚到什么钱，大部分人都退出来了。只有一个中年妇女还在继续。她跟住了这位教授，继续干了下去。辛苦了五年，终于赚到了第一桶金，40 万块钱的利润，让很多的人眼红。可是当初那些人没有跟住人的时候，为什么没有想到这一点儿呢？

由此可见，跟对人并坚持下去才是关键。我们很多时候只注意到了跟对人，却对坚持下去不屑一顾。还有的人跟着老板干一阵子，没有学到什么呢，就觉得自己已经了不起了，可以大干一场了，于是扔下老板另起炉灶，结果往往由于经验不足而惨遭失败。

跟住人是一项考验我们的任务。当然，要想跟住人，也并不是我们想跟住就一定能如愿的，这中间也要经过重重的考验。

1. 要有决心

在很久以前，古希腊的人们曾经玩过这样的游戏，点燃一堆火，然后在上面放上石板，人从加热的石板上走过。可是有的人能安然走过，有的人却会被烫伤，这是怎么回事呢？难道这些安全走过的人，有特异功能吗？当然不是。他们有决心，他们相信自己能平安地走过去，这样一来，他们会盯紧前面的目标，向着目标迅速移动，这样脚在石板上停留的时间就会降低，痛苦会减轻，也很少会被烫伤。

而那些没有决心的人，一上来就一直在犹豫，我是继续往前走，还是停下来，我是返身回去，还是快步前进。当他在犹豫的时候，已经浪费了很多的时间和精力，脚也更加容易被烫伤。

2. 要有毅力

我们在跑 1000 米的时候，感觉怎么样？是不是最难跑的，是快到终点时剩下的那 100 米？明明看到终点离自己越来越近，触手可及，却似乎跑不过去，因为腿像灌了铅，根本跑不动了，肺部也会很难受，憋得慌，总觉得自己快受不了了，恨不得马上停下来。其实，一个人要有毅力，才有可能坚持到底。而坚持到底，才能跟着对的人继续走下去。

3. 要学会替对方考虑，站在对方的立场上想问题

我们在跟着别人的时候，并不是单方的效仿与学习，还要有交流。在交流的过程中，要想得到更多的指点，那就要获得对方的信任与好感。而取得好感的必要条件，就是要学会替对方考虑。每个人都希望自己得到的爱更多一些，再多一些。如果你跟着别人走，却只想得到不想付出，那只能是妄想和笑话。老板也是需要感情投资的，如果我们能多替对方考虑，才会得到更多的照顾，老板才会让我们继续跟着他们走。为老板分忧，替老板减负，将会让我们跟着老板走得更顺畅。

跟住人，是一项长期而卓绝的工作。大家都知道《功夫熊猫》中那个笨笨的熊猫阿宝，他曾无数次想过退缩，觉得自己又贪吃、又笨，是很难跟着老板（浣熊师傅）练出功夫的，可是最后他却成功了，成了万众瞩目的"神龙大侠"。主要是因为他相信师傅的话，一心一意跟着师傅学习武艺！

世间凡事都有可能，跟住人的时候，我们所做的，就是紧咬牙关，咬定青山不放松。心有多大，梦想就有多大，跟住了老板，老板会帮你更快地接近梦想，让你实现自己的愿望。

> ▶▶ **｜思 考｜**
>
> 1. 你认为什么样的老板才是"对的人"，为什么？
> 2. 你觉得"跟住人"的过程中最难突破的是什么，为什么？

04

外观老板：

助你发现好老板的8条"线索"

好老板自己有个大舞台

　　老板的舞台有多大，背景有多大，发展的空间有多大，都将决定着员工未来的发展空间及个人前途。一位没有发展眼光的老板，是没有什么发展前途可言的。

　　提到好老板，有很多的人在感叹，现在的好老板好像是凤毛麟角，坏老板倒是满坑满谷都是。于是，找到一个好老板，似乎就成为传说中的事情。那么，什么样的人才算是好老板呢？

　　在我看来，一个好老板，一定会自己有个可供我们施展才华的大舞台。

　　著名的节目主持人鲁豫曾经讲过这样一件事：她去见凤凰台的老板刘长乐的时候，第一次会面是在饭店里。当时，她对这位大老板并不熟。但是，当她看到这位大老板与身旁的下属谈笑风生，而且与员工谈话的时候，会给下属很大的发挥空间时，她立刻被这位大老板折服，决定跳槽到凤凰台上班。在她看来，最吸引自己过去上班的不是薪水，不是福利待遇，而是未来的发展空间。对她而言，老板自己有个大舞台，比什么都重要。这也是鲁豫事后能取得巨大成功的重要原因之一。

　　在职场上，我们总希望能充分发挥自己的才华，但是如果一个老板对你处处挟制，束手束脚，估计你也没有继续下去的兴趣了。好老板就像是一位宽容的家长，可以让自己的孩子随着兴趣和爱好来尽情地发挥，他们会在各个方面支持你，让你做得开心。

　　在谷歌，工作就是生活，自由的企业文化给了员工无穷的创造力。也许大家很难相信这里就是上班的地方，因为他们的办公室里确实出现了许多我们看起来不可思议的东西。比如说，那些用于娱乐的台桌足球，那些用于放松的按摩师，还有那些零食、水果，20种以上的饮料等，这些无疑会让员工有一种在家里生活的魅力。

　　公司会为员工提供免费的餐点，一日三餐都包。去办公室的时候，员工还可以滑电动滑板车；在办公室可以吃巧克力，玩各种成人玩具等。当然，这些仅仅是皮毛，最重要的是，每到周五的时候，员工可以向老板提出任何要求，而且这一习惯让很多人得到了更大的发挥空间，于是很多奇思妙想就这样出现了。比如有一位员工提出，自己是否可以带宠物上班，而老板的回答是，只要不咬人，不乱叫，完全可以。于是，第二天就有公司员工领着自己的宠物狗来上班。

此外，每位工程师都可以拥有 20% 的自由支配的时间，而企业的文化就是鼓励创新，即便每项工程都要有计划、有组织的实施，公司还是决定留给每位工程师 20% 的私人时间，让他们自己去做更重要的事情。这样一来，很多深受好评的新成果出现了。

还发生过一件更加"过分"的事情。一位来自印度的工程师来到公司的第一天，就对老板施密特说，我能和你共用一间办公室吗？老板很爽快的就同意了他的请求。大家都认为这是在开玩笑。结果第二天，这个工程师真的将自己的物品搬进了老板的办公室，直到公司搬进新的总部大楼的时候，这位工程师才有了新的办公室，而施密特则一直在用一个很小的办公室。也正是由于这位工程师的存在，让谷歌多了一套漂亮的演示程序。在谷歌公司里，人人平等。老板对每一位员工都很尊重，每个人都可以享受这种服务。当然，这是人格平等的一种表示方式。这些都可以在很大程度上激发员工的创造能力。

由此可见，谷歌的老板有一个属于自己的大舞台，同时也给员工提供了一个很大的舞台。试想一下，无论什么性格的人，到了谷歌老板施密特的手下，能没有自己发挥的空间吗？无疑，拥有这样的老板是让人感到羡慕的。

而与之对应的另一类老板，无论事业做大还是做小，都有自己的一套法则，他们处处限制员工，而这种独断和专横，让他们的事业陷入了危机和低谷。

张华就遇到过这样的一位老板，他在本市开了一家房地产中介公司。他所做的业务，也仅限在本市进行。有一次，张华联系了一个外地的客户，这个客户想在他们的城市买一套房子，但是老板觉得和外地人做生意会产生不必要的支出，于是坚决反对他和这位客户联系。

这件事情发生没有多久，这位外地客户就在当地买了一套房子，而且还是跃层的别墅。张华深感惋惜。如果不是老板限制他的发挥，不为他提供更大的舞台，也许这笔生意就是他的了。

因此，没过多久，张华就辞职去了一家更正规的中介公司。而他之前待的这家小公司，没过多久竟然倒闭了。

由此可见，一位没有发展眼光的老板，是没有什么发展前途可言的。老板的舞台有多大，背景有多大，发展的空间有多大，都决定着员工将来的发展空间，决定着员工的个人前途。

我曾遇到过这样的一位主管，她在公司里很受老板的器重，老板给她配了车，配了单独的司机，还有独立的大办公室，甚至还给她连续加了几次薪。在我们看来，她应该知足了。可是在聚会上，她却对着我们大倒苦水。她说老板处处束手束脚，总是限制否定她的方案，不让她按自己的想法去做。后来，她只好辞职，去了另外一家公司。虽然薪水没有原来高，她却干得如鱼得水，很快获得了升职。

人在职场如果处处被老板束手束脚，就像被束缚起来一样，没办法自由发挥自己的天赋和长处。在这种情况下，很少有人想继续做下去。所以，我们不妨找一位自己拥有大舞台的好老板，在他的带领下充分发挥自己的才能和长处，共同创造职业辉煌。

▶▶ ｜思 考｜

1. 谷歌的成功之道能带给你哪些启示？

2. 你喜欢心怀小舞台还是大舞台的老板，为什么？

好老板不会耽误别人的"薪"情

> 一个好的公司是有凝聚力的，一个好老板也是有人格魅力的。真正的好老板，会把下属的温饱和工资待遇当成自己的大事来抓。

如果一个老板对自己的属下不好，有了利益也不愿与属下一起分享，这样的老板，会讨员工喜欢吗？相信答案是否定的。我们每一个为老板打工的员工，生存是至关重要的问题，真正的好老板在关心下属工作情况的同时，是不会对下属的"薪情"视而不见的。

小曾在某知名高校读研究生，毕业之际，校长对他说：希望大学毕业之后，他能留在学校任教。与此同时，另外一所民办大学也以高薪为诱饵，向小曾伸出了橄榄枝。小曾感激校长的慧眼识人，毅然拒绝了民办大学的高薪邀请，决定留在本校。最初，他每个月的工资只有3000多块钱。这对于高消费的大城市来说，甚至都难以保障温饱。但是他没有动摇，继续留在了学校。校长也知道小曾拒绝了民办大学高薪邀请的事，他心怀愧疚，他深知如果小曾去那所民办大学工作的话，工资收入一定会比现在高很多。为此他一直暗暗寻找一个能够提升小曾个人能力的机会。

不久，学校有了一个出国留学的机会，校长把这个机会给了小曾。小曾公费留学几年后回来，身价陡增，小曾的工资很快就翻了番。小曾心怀感激地说道："我就知道校长不会耽误我的'薪情'，他一定会为我个人的发展考虑。跟着这样的校长工作，我一百个放心。"

所以，在职场上，我们不妨学习小曾，一定要跟着这样的老板，一个懂得为下属考虑的老板，一定会给下属光明的前途。

一个老板如果没有能力实现对下属的照顾，不能给下属利益，不给下属涨工资，那么他是很难获得下属拥护的。对下属而言，这样的老板也没有安全感。试想一下，一个没有安全感的老板，会是一位好老板吗？

不过，我在这里所说的"薪情"，并不是一开始老板就会给你开高工资。大家知道，有的老板处在创业初期，没有能力给你很高的工资。这样的老板难道就不是好老板吗？当然不是。他们只不过还没有能力给你加薪。可是，他们会给下属承诺，将来公司发展得好了，下属一定会获得更好的待遇。也许有的人会对老板的承诺担心，假如你遇到的真是一位好老板，他一定会信守自己的承诺，把给你加薪的事情放在心上。

因为对一个老板而言，信守承诺，意味着他有能力实现承诺，员工们才相信他的诺言。有的时候，一份白纸黑字的承诺也未必可信，而一句好老板的承诺，哪怕只是一句话，也可以板上钉钉，必定兑现。

大家都知道阿里巴巴最开始创业的时候，每个人只能领 500 块钱的薪水。但是还是有很多的人去投奔马云。蔡崇信就是其中一员。当时他的年薪可是 70 万美元，这个数字，哪怕放到今天，也仍令无数人动心，但是他真的放弃了高薪的机会，跑到阿里巴巴领取 500 块钱的薪水，这件事连马云自己也很吃惊。蔡崇信就是相信马云是一个好老板，不久，随着事业的发展，他的工资水涨船高。现在，作为阿里巴巴的创办人之一，他可以拿到很高的待遇。如果当初没有相信一位好老板的承诺，他是不可能有今天的成就的。

有的老板一开始会给你很高的工资。比如说张丽在跳槽之前，每个月拿 5000 块钱，是一家公司的部门主管。她禁不住另外一家公司高薪的诱惑，跑去就职。新老板许诺给她开 8000 块的工资，她觉得很满意。但是工作不满一年的时候，她的薪水就降到了 6000 块。她跑去找老板理论，老板振振有词地说，这份工资也比你原来挣得多，你原来不是才拿 5000 吗？后来，老板干脆给她开 5000 块的工资，张丽有口难言，因为她是没有办法再回到原来公司上班的。

原来公司虽然也给她开 5000 块的工资，但是各种福利待遇非常好，而且还有很大的上升发展空间。她现在的这家公司却没有这么好的福利，而且给她的工资一降再降。她既没有办法，只能愤愤不平。原来，这家公司老板使了一个诡计，先用高薪把她挖过来，然后再慢慢地给她降工资。因为张丽辞职的时候，和原来的公司关系搞得很不好，她是不可能再回去上班了。张丽为此后悔不已。听说昔日和她一起工作的员工都涨了工资，她更是痛苦不堪。

一个好老板，在考虑下属"薪情"的时候，心底是无私的。对他们而言，员工的利益是排在第一位的。一个好老板在最艰难的时候，也许没有能力给员工开高工资，可是当他们的公司时来运转、发展壮大的时候，他们会把利益拿出来与大家一起分享。他们会把"下属跟着我干，我一定不能亏待他们"的追求放在第一位。

而一个人品差或者说对下属不好的老板，则在人与人的交往上没有丝毫值得称道之处，他们最害怕的，就是和别人一起分享利益，哪怕这些人是和自己出生入死的兄弟，他们仍把利益放在第一位。这样的老板，也许一开始会给你承诺，甚至吹得天花乱坠，让你感到飘飘然。但是他们会在不履行承诺、不与下属共享利益、不照顾下属"薪情"的时候，得到一个"失道寡助"的结果。

在《水浒传》中，有一句话相信大家都会记得，梁山好汉上山之后，宋江许诺，可以和大家"大碗喝酒，大块吃肉，大秤分金银"。这句话虽然俗，可是在当时众多好汉眼中，具有相当大的诱惑力。好汉们都明白，这位头领是一位可以利益共享的好朋友。而头领对他们而言，就是一个可以顾及"薪情"的好老板。有了这样的好老板，他们才舍得为其卖命，这才有了后来梁山泊的发展壮大。

一个好的公司是有凝聚力的，一个好老板也是有人格魅力的。好老板会把下属的温饱和工资待遇当成自己的大事来抓。他们会处处为下属着想，会为下属谋福利，会把下属的利益放在第一位。如果我们能遇到这样的好老板，一定要学会珍惜。因为只有跟定了这样的好老板，将来才会有更好的发展。

▶▶ | 思 考 |

1. 你上一次加薪是什么时候？为何加薪？

2. 你会主动向老板提出加薪请求吗？

好老板对别人的表扬很及时，批评很诚恳

> 从心理学的角度来讲，适当的奖赏会让一个人变得积极主动。而正确的惩罚，可以纠正一个人错误的思想和错误的行进方向。

提到奖惩分明，很多人会联想到公司的纪律。一个好公司，会用严格的纪律作为运营的保障。从心理学的角度来讲，适当的奖赏会让一个人变得积极主动。而正确的惩罚，可以纠正一个人错误的思想和错误的行进方向。一个团队是否团结，关键在于它是否有一个合格的老板。老板若是做不到赏罚分明，是很难服众的。

哈佛大学一位教授曾说过这样的话，人们喜欢做奖励他的事。换句话来理解，就是指人们都有趋利避害的心理，所有人都喜欢奖赏，害怕惩罚。这是人的共性和最基本的特点。懂得了这一点，你就可以理解为什么好老板会赏罚分明了。

我曾经在一家企业当过主管。每当有下属做得好的时候，我绝对不会吝惜自己的言辞，我一定会送上赞扬，而如果下属做错了，我会诚恳地提出来，促使他们改正。

也许有人会说，如果你经常表扬下属，岂不会让每个人都充满干劲？

下面，我来讲一个例子，也许你就会明白，这样的想法多么可笑。

程宾是一家电脑公司的小文员，他的工作非常清闲，他时常趁老板不在的时候，从网上下载电影看，还以为别人不知道，其实这件事情早就有人偷偷告诉了老板。大家都以为老板会批评他，或者阻止他的行为，但是老板却没有这样做。因为程宾是老板的亲戚，老板有心护着他。此外，程宾在公司也不给他惹什么大事儿，因此他觉得也没有必要警告程宾。

就这样，大家觉得老板既然不管他，那么说明老板对这件事不在乎，于是大家纷纷效仿：趁老板不在公司的时候、有的人出去买东西、有的人出去给自己家办私事、还有的人干脆用公司的电话打长途和朋友聊天。每当老板一回来，大家又恢

复原来的样子，装出认真工作的样子。公司里的一位老员工早就看不下去了，向老板提出了建议。可是老板却模糊两可，没有拿出明确的态度来。不久公司变得纪律散漫，老板的命令也得不到很好的执行，很快就倒闭了。

从上述的事例我们不难看出，一个不懂得如何赏罚分明的老板，造成的后果是多么可怕。一个公司的管理者，如果不能赏罚分明，就会让自己的下属意识淡薄。缺乏一套严格执行的纪律规范，员工们的行为就会自由散漫，导致没有人认真工作，这会是什么后果？这样一来，就像是蚂蚁在大堤上筑穴一样，早晚会让公司垮台。

一个公司从上至下，从老板到员工，没有纪律束缚，所有人都会做事随心所欲，久而久之，没有人再听老板的话，也不会有人拿老板当回事。而一个员工做得好，老板不表扬，一个员工做得不好，老板也不批评，该奖的不奖，该罚的不罚，会让那些不劳而获的人变得更加嚣张。不良的风气就会在公司里越演越烈。本来一些积极的员工，也会受到不良的影响，变得消极起来。如此一来，就会打击员工的热情和上进心，让整个团队变得士气低落，这样的公司在竞争激烈的市场上，是没有什么战斗力可言的，公司的前景更会让人感到担忧。

李欣是一位知名的主编，他招收了十几个人跟他学写剧本。大家把剧本交上去之后，李欣会认真地看每一个本子，并提出严格的要求和修改意见。有的编剧会很认真的改，然后再度提交，可是有的编剧会敷衍了事，认为只不过是几句话的事情，没有什么必要再好好改，这让李欣很生气。他屡次教育这些编剧无效之后，会把这些编剧的本子退回去。这样一来，那些编剧辛苦半天，会拿不到报酬。而一些写得好的编剧，李欣会主动给他们更多的创作机会。比如说一些主题类的剧本，稿费会高一些，他就把这些机会给那些更加认真的编剧。虽然表面上看来，他并没有什么权利降低或者提高稿费的标准，但是他会在一定的权限范围内做到赏罚分明。

多年后，李欣已经成为一个部门的主管，依旧奉行自己的原则。如果一部投资几百万的电视剧达不到让他满意的标准，他宁可放弃收购。这样的严格要求，才让他所在的电视台收视率节节攀升。

由此可见，赏罚分明对于一位老板有多么重要。也许你和同事拿的是一样多的工资，但是老板会用自己心中的天平为你们打分，对你们进行相应的奖励与批评。也许没有金钱上的奖励，只是几句表扬的话，但这些话，是不是会让我们心里感到一股暖意，从而变得更加积极上进？如果我们做错了，老板真心实意地提出来我们哪儿错了，我们是不是会感到自己受到了关注，同时也对老板的关注感恩？在错误的行进方向上，我们会浪费很多的时间和精力，但是老板及时提出诚恳的批评，会让我们的工作效率更高，让我们收获更多的良好工作经验。

说到曹操，大家都知道他是一位赏罚分明的大政治家、军事家。他曾在《孙子注》中提出"军无财，士不来，军无赏，士不住"。这句话直到今天，仍具有积极的引导意义，体现了一种赏罚分明的管理原则。在西方，心理学家亚当斯同样提出过类似的理论，他在研究人的积极性的时候，提出分配方法与之有着密切的关系：一个人的工资、报酬的合理性、受到的精神方面的肯定与待遇，对一个人的工作积极性有着莫大的关系。

一个赏罚分明的老板，会让我们心服口服，会让我们鼓足干劲，会让我们有信心继续工作下去。一个企业有了充满信心的员工，难道还愁干不好吗？

一个赏罚不分明的老板，你做得好也看不到希望，做得不好也不会受到惩罚。这样的公司，你还愿意待下去吗？所以，我们在为自己找老板的时候，一定要找那些赏罚分明、规定了具体奖惩条例的老板。这样的老板，才会让我们受益终生。

▶▶▶ | 思 考 |

1. 你认为严格的奖罚分明制度对公司有何影响？

2. 如果你是老板，你将如何平衡员工的奖与罚？

好老板心中都有大抱负

　　一个有抱负的老板，很清楚自己想要的是什么，他们不会轻易地放弃自己的想法，更不会轻易就被别人的观点说服，这样的老板会有坚定的意志力，他们有思想，有内涵，更有令我们佩服的魄力。

　　一个有气魄、有胸襟、有抱负的大老板，才会有光明的未来。跟着这样的老板干，你是不是信心会更多一些？你是不是对自己的未来抱着一种美好的期待？

　　胸怀伟大志向的老板往往会因为自己的眼光而变得高瞻远瞩。众所周知，每年都会有无数的公司如同雨后春笋一样冒出来，但是每年也会有无数公司纷纷倒闭。一个公司的寿命有多久，与老板能力和眼光是息息相关的。一个没有抱负的老板，是不会做好长期打算的，所以公司注定会短命，昙花一现。如果我们跟着这样的老板，只能获得几个月、几年的暂时安稳，而且，这样的老板，会让我们的职业生涯变得岌岌可危，只能跳槽。试想一下，人生有限，最宝贵的时光也就那么短短几十年，我们能有多少机会可供自己挥霍？

　　有抱负的老板，渴望自己的公司能长久地生存下去，他们的思维会具有一定的深度，他们会对公司的前景有一个良好的预见，还会有良好的广度和深度。一个老板是否有前途，观察他是否具有远大的抱负非常有必要。

　　哪怕是一个凡人，不管他做什么事情，总会遇到一些困难。一个老板在开办自己公司的时候，会遇到很多挫折，如果没有远大的抱负是很难撑下去的。如果他具有了良好的眼光，找好自己的定位，那么在遇到困难的时候，企业也不会垮，而且还会熬过最难的时候，迎来美好的明天。

　　孙明曾在一家医药公司当销售代表，老板每次发货给他们的时候，总是强调要尽力拿到最高的利润。孙明提出，如果这样的话，很难和那些药店及医院的采购商长期合作。但是老板却不这么认为，他觉得只要能赚到钱，根本没有必要考虑那么多。孙明觉得老板这样做无疑在饮鸩止渴。暴利会让他们失去很多长期合作的客户，这不利于公司的长期发展。当他向老板提出这个问题的时候，老板笑着说，管那么多干什么？能多赚的钱，我一分也不想放弃。孙明觉得自己的这份工作一定不会做长久。他很快就辞职了。

果然，没过多久，他的这位老板的公司就因乱收费、故意哄抬药品价格，被查封了，老板因此被罚了很多钱。而他手下的员工，也因为这件事受到牵连，大家都没有拿到自己最后一个月的工资。孙明感到很幸运，自己当初早就看出这个老板目光短浅，及时脱了身。幸亏他做出了这种明智的决定，要不然，现在四处找工作、辛苦一个月拿不到工资的人，就是自己。

上述事例中，这位老板没有远大的抱负，也就注定了这家公司的短命。我们如果遇到这样的公司，岂不是会浪费掉很多的时间与精力？

在我所在的城市，曾经有这样的两家公司，我现在将他们的故事讲出来与大家一起分享。

有一位姓张的老板，决定去一个温泉小镇开发房地产业。但是他去了之后，发现当地人口稀少，交通也不是很发达。他觉得如果把房子修好了，也不会有人来住的。于是他放弃了自己的梦想。可是另外一个姓孙的老板却发现了这里的商机。虽然交通不发达，但是国家正在投资修建公路，很快就会让小镇的交通便利起来。此外这里环境好，空气清新，富有文化气息，而且那些古色古香的建筑可以吸引游人前来观光。于是，他果断决定在这里投资。他贷款了几千万，在这里修建了一个小区。很快，公路开通了，小镇的人气旺了起来，房价也跟着水涨船高。很多人来这里购房，准备将来在此养老。他们觉得这里是宜居的好地方。

当时我的一位朋友在跟着孙老板打工。朋友给孙老板做文案策划。当孙老板去银行贷款的时候，大家都在想，这公司借那么多的债务，会不会还不起垮掉呀！但是朋友却看中了老板的魄力，一直坚定不移地跟着老板工作。现在，他不仅得到了公司奖励的住房，而且实现了自己的高薪梦，拿着优厚的工资。

朋友的经历，相信能给大家一些启发。一个有抱负的老板，往往会站得更高，看得更远；没有抱负的老板，缺乏远见卓识，会错过许多良好的机会。这样的老板，很难会有大的发展。跟着他们干，你会感到自己的目标很难实现。

一个有抱负的老板，很清楚自己想要的是什么，他们不会轻易地放弃自己的想法，更不会轻易就被别人的观点说服。这样的老板会有坚定的意志力，他们有思想，有内涵，更有令我们佩服的魄力。他们能完成一般人难以做到的事情，他们会非常热情，有使命感，对公司的未来充满信心。而且他们在工作的时候，目标会更加明确。有一首歌叫作《大海航行靠舵手》，如果在事业的这条船上，有这样的一位老板给我们当舵手，你还为自己的未来发愁吗？

▶▶▶ | **思 考** |

1. 孙明的故事给了你哪些启示？

2. 如果你是老板，你将如何制定公司未来的发展规划？

跟着没有冒险精神的老板就是在"冒险"

> 敢于冒险的人才有得到高收益的机会。虽然有失败的可能，但是不去冒险的话，连获得高收益的机会也没有。

一个公司要想得到快速发展，老板必须具备积极进取的冒险精神。

香港一家著名的服饰公司靓美集团的老板苏永风说过这样的一句话：冒险是人的生命中一项极为重要的活动，同时也是人生的一个极为重要的组成部分，不要埋没了这么好的机会，要恰当地运用它，你就会发现，这是一项多么伟大的前进推动力。

剑桥大学的专家组曾经做过一项这样的心理测试，他们邀请了一批企业家和高级经理人参加。在这样的测试中，科学家们证明了这样的一个结果：企业家的思维方式与经理人的确实不一样。

试验的内容很有趣，先是一起玩赌博的游戏，他们在不同颜色的盒子里藏着一枚金币，然后他们来赌这枚金币的位置。通常情况下，一个人的冒险意识会随着年龄的增长而下降，但是经理人表现出的冒险意识与年龄相符，而企业家则表现得像 20 岁出头的年轻人那样富于冒险精神。游戏在开始的时候，所有的参加者都不必权衡奖罚，这样一来，在大家全都进行的决策测试中，企业家和经理人表现同等优良；但涉及"冲动"或冒险决策的测试时，情况却发生了很大的变化，充分显示了两组人的明显差异。在下赌注的时候，如果决策失败了，会受到惩罚；如果决策获胜了，会获得双倍的收益。这样一来，经理人就会变得非常谨慎，与此恰恰相反，企业家却开始下了更高的赌注，也就是说企业家更爱冒险。

通常情况下，人们的心理状态中，是以负面的眼光来看待冒险的，但是对于优秀的企业家来讲，冒险与冲动决策却是创业过程中必不可少的一部分。

里克·卡里斯勒的例子，就可以证明这一点。

著名的企业家戴维森最初找到里克·卡里斯勒担任活塞球队的主帅时，很多人劝他不要答应。因为戴维森太爱冒险了，他总是喜欢做出不同寻常的决定。这让球队的经营风险非常大。但是里克·卡里斯勒却不这样认为，他觉得跟着冒险的老板才更具有刺激性，才会有更为广阔的前途。他毅然决定与戴维森签约。

但是，打击很快就来了，戴维森投资的体育产业，并非每一桩都是摇钱树。他发现坦帕海湾队的主场体育场非常气派，很符合自己的品位，于是决定把它买下来，大笔一挥签了字。但是球队由于被前任东家经营得一塌糊涂，因此连续几年都是亏损，事后，戴维森承认自己"湿手沾上了干面粉"。5 年来，他在这支冰球队身上亏了整整 6000 多万美元。

就在这时，很多人劝里克·卡里斯勒离开戴维森单独干，但是他却坚持了下来。也正是由于老板富于冒险精神，才肯同意里克·卡里斯勒录用罗德曼这批横冲直撞的"坏孩子们"。在这一场冒险中，里克·卡里斯勒最终成了赢家。就这样，在戴维森的冒险精神的鼓励下，他终于带领球队获得了 50 场胜利。

试想一下，如果没有当初老板的冒险精神，里克·卡里斯勒可能无法在自己的球队里大展身手，更不可能录用自己相中的队员，这样一来，所谓的胜利就成了泡影。

无独有偶，当初张明在进入电视台工作的时候，也是如此。最初，他只是在节目组做一个采编，但是没过多久，电视台的人员进行了调整。领队的人分成了两组：一组的组长很爱冒险，喜欢经常变换节目组的播出形式；二组的组长比较保守，做什么事情都小心翼翼，生怕走错一步。张明经过考虑选择加入保守的二组，没过多久，爱冒险的一组的组员收入发生了很大的变化，他们个个都很活跃，拉来了广告商的赞助，很快就让自己的收入翻了几番，这让张明分外眼红，可是谁让他当初放弃了跟着这位冒险的组长干呢。

张明的例子告诉我们，冒险往往是与高收益成正比的。敢于冒险的人才有得到高收益的机会，虽然有失败的可能，但是不去冒险的话，连获得高收益的机会也没有。试看那些投资者，之所以能获得高收益，往往是敢于冒险所致。由此可见，善于冒险的老板，往往比那些保守谨慎的老板更胜一筹。那么，通常来讲，什么样的老板是那种缺乏冒险精神的老板呢？

1. 思想保守的人

有的人喜欢用一些陈旧的思想来解决问题。无论遇到什么样的事情，只从自己过去的经历和经验中寻找解决问题的办法，缺乏创新精神。

2. 喜欢明哲保身的人

这些人往往趋利避害。风险与机遇是并存的，你害怕了风险，距离成功也就越来越远。

3. 喜欢按部就班生活的人

这些老板往往做事一板一眼，表面上看似乎没有什么问题，可是时间久了你就会发现，这是由于他们的思想僵化造成的。

4. 迷信"普遍规律"的人

有的人喜欢迷恋普遍规律，往往做事先找规律，如果从别人那儿听到什么好规律的话，就自己忙不迭地执行，没有独立的思想。

5. 胆怯的人

有的人胆子非常小，他们害怕不可预知的未来，更惧怕糟糕的结果。所以他们不敢做出任何创新。

综上所述，如果我们遇到这样缺乏冒险精神的老板，就要谨慎考虑一下要不要进入他所在的公司工作。当然，作为一个老板，我们也希望看到他稳重、谨慎的一面，也希望看到他们心思细密地去做各种事情。但是如果只拘泥于此，就容易被胆怯束缚住手脚。这样的情况下，自然不能果断地应对出现的各种突发事件，从而让事情失去了先机。这样的人，很难成就大事。如果跟着这样的老板，又怎么可能得到良好的发展机会呢？

▶▶▶ | 思 考 |

　　1. 你遇到过极具冒险精神的老板吗？请分享一两个你印象最深刻的真实故事。

　　2. 里克·卡里斯勒的故事让你得到了哪些启示？

好老板能慧眼识"宝"，"人"尽其用

古人云："经世之道，识人为先。"人才是企业的第一生产力。知人方能善用，用才须先识才，识人者得人才。识美玉于璞石之中，并大胆给予重用，这才是真正有识才之慧眼。没有慧眼，人才近在眼前，也可能视而不见。

如果老板是一位可以慧眼识"宝"的人，往往可以"人"尽其用。跟着这样的老板，我们才有可能得到重用。因此，找到一位这样的好老板，将更有利于我们事业的发展。

古代时期，善于慧眼识人的名士，就不乏其数。比如说，清代的名臣曾国藩就是一个善于慧眼识人的人。也正是由于这一点，人们把他的历史功绩与三国时的诸葛亮、唐朝的斐度、明朝的王守仁等名士相提并论。

咸丰初年的时候，洪秀全在广西起义。曾国藩上疏称："今日急务，首在用人。人才有转移之道，有培养之方，有考察之法。"直到今天，他的这份《应诏陈言疏》仍被许多人称道，而且他的这一举动，更是深受咸丰帝赏识。在回长沙办团练时，曾国藩曾向咸丰皇帝提出选将的四点要求："一曰知人善任，二曰善观敌情，三曰临阵胆识，四曰营务整齐。"此举深受皇帝器重。

也正是由于曾国藩这位"老板"善于慧眼识人，所以才让许多的人才争相前来投奔，甚至不惜托了李鸿章来引荐自己。据说有一次，李鸿章带了三个人请曾国藩任命差遣，当时曾国藩刚吃饱饭正在散步。他有饭后散步的习惯，所以那三人就在一旁静静地等待。

等曾国藩散完步之后，李鸿章向他推荐时，曾国藩却说你不用开口了，这三个人的性格我已经知道了：第一个人在我散步的时候，不敢仰视，这说明他是一个很老实的人，可以适当地给他一个保守的工作；第二个人很虚伪，他在我的面前很恭敬，但是等我一转身，他就立刻左顾右盼，这样的人，将来一定会当面一套、背后一套，最好不要任用；而第三个人则始终如一，双目有神，气宇轩昂，此人虽然等候多时，但是却始终挺立不动，这样的人，他的功名，将不在你我之下，确实可以委以重任。

由此可见，曾国藩的眼光多么犀利。用一个小时的光景，决定三个人的命运，这听起来有些不合情理。但是对于曾国藩这种目光犀利的老板，确实可以用高明的手段来做到这一点。在他散步的时候，他其实在暗中不动声色地仔细观察了三个人。这是一场未曾事先通知的考试。因此，三个人的表现也都发乎本性，由此可见，他得出的结论是完全正确的。一个人的素养和品性，总是映现在他细微的动作里。善于识人者，往往察人以微。曾国藩的识人之道，可以给我们带来更多的启迪。

那么，慧眼识人、善于用人的老板，通常都具有什么样的特点呢？

1. 可以让员工迅速晋升型的老板

这样的老板工作起来非常卖力气，他们善于自己管理自己的下属，而且具有很强的表现欲。他们知道在员工面前如何提高自己的威信，如何获得下属们的信任。这样的老板，往往对下属的情况了如指掌，而且还可以让有才华的下属上升得很快，并且迅速得到重用。此外，在员工事业发展的进程中，他们还可以得到适当的位置，从而拥有自己发挥的巨大空间。

2. 给员工安全感的老板

安全型的老板，这样的老板对工作很敬业，会给下属一种安全感，他们会把员工的个人需要放在第一位，他们认为报酬和加薪是对员工最大的肯定。当然，这也是我们为老板工作的时候，对自身感到安全和保障的重要因素。

海底捞的老板为了让自己的员工感到安心和放心，还给员工租了房子，装了空调，还派人收拾得干净整洁，这让员工们感到非常安全。他们自然会因为对老板的感激，工作起来更加卖命。

3. 自由型的老板

这样的老板思想活跃，性格外向，渴望独立，追求自由。这样的老板，往往会放手交给员工工作，当然，他们会规定费用和完成期限，这样一来，会让员工拥有充分的自由空间，可以放手干自己想干的事情。

4. 激奋型的老板

这样的老板，往往面对挑战时，敢于超越自己，他们容易带领员工去奋斗，他们也需要员工配合自己。慧眼识人的老板，更善于用人，敢于用人。

慧眼识宝的老板，具有比其他老板更为敏锐的观察力。俗话说得好，真金不怕火炼，真才更不怕检验。如果是人才，在领导者委以重任的时候，往往才能发挥自己的才干，从而被别人认识。当今人才市场上，各种各样的人才都有。对老板而言，通过各种方式知晓下属们的才能大小，从而判断能让他们做什么事情，人尽其用，这是一种领导艺术的体现。

一个老板要想把自己的公司做好，就必须练就一双识人的慧眼。我们跟定了这样的老板，才会更有前途。如果老板不善于考察人才，就没有办法辨别贤愚优劣，也就无法对人才进行奖惩和升降，这样的老板又怎么能把公司办好呢？

> ▶▶ | 思 考 |
>
> 1. 你的老板是上述哪一种类型的老板，浅谈一下他身上比较突出的特质。
> 2. 曾国藩的故事给你带来哪些启示？

员工的口碑是老板的一面镜子

> 古人有云，得道多助，失道寡助。一位有道的老板，自然会获得下属的拥护，而且也会在下属中形成良好的口碑，这样的老板才是真正的好老板。

张林大学毕业后，在一个小型的动漫工作室找到了一份工作。正值酷暑，公司里连空调都没有。这倒不是老板吝啬，主要是公司刚成立，财力情况不佳。但是老板对下属非常好，为了缓解暑意，亲手给员工们熬绿豆汤喝，还经常买冰糕给他们吃。老板记得每一个员工的口味，会给大家准备好各自喜欢的口味。这样的老板，让他们心里非常感动。后来，他的公司发展越来越好。

直到今天，提起这位老板来，张林的心里仍留有一股暖意。据说他公司里的员工流动性非常低，有的员工宁肯放弃别的公司高薪的工作，也愿意跟着他干，想来一定是老板的人品在发挥作用。

可想而知，跟着这样的老板，我们将多么幸运。我们从他对下属的态度中明白老板的人品，便可以放心跟着这样的老板，我们算是找对人了。

有的老板把下属当成自己生意上的合作伙伴。在他们的心中，员工是帮自己赚钱的伙伴，有钱的时候，大家要一起赚，你帮我赚到了钱，我也不会亏待你，我可以带着你一起致富，然后和员工一起达到共同富裕。这样的老板，往往会让我们得到丰厚的回报，只要你能做到跟着老板一起折腾，那么一定会有收获。

有的老板在下属的眼中，非常严厉苛刻。下属整天被他们呼来喝去，不论内外，让你做你就得立刻去做，不容商量，不容辩驳，而且如果你做得不好，老板还会给你脸色看。在他们眼里，下属就是他们雇来的奴隶，而且对于这些奴隶，他们想怎么样就怎么样，跟着这样的老板做事，显然让人非常郁闷。

还有的老板把自己的下属当成赚钱的机器，他们想让下属怎么样就怎么样，争取用最少的工资，让下属贡献出最大的工作量。甚至他们还奢望用一个铜板的钱，换来下属们一根金条的工作量，这样的老板，往往会让员工们不堪重负，而且即便他们付出了巨大的努力，也不可能得到按劳取酬的结果。如果有一天员工的资源被老板耗尽了，再也出不了什么好奶了，那么老板就会将下属一脚踢出去，跟了这样的老板，下属们不免怨声载道，我们要小心为上。

小刘在某公司当市场专员，他为了帮公司争取一个重要的客户，费尽心思做了产品的展示和推介计划，而且连着加了两个星期的班，当时老板答应得好好的，等他这个客户成交之后，会给他很高的提成。但是客户签约之后，老板就好像失忆了一样，再也不主动和他联系，而且待遇还和以前一样。他不识趣地找到老板，要求加工资，但是老板却说当时在开玩笑，他只不过是当真了，气得小刘立刻辞职了。

像小刘遇到的这位老板，显然不是什么好老板，但是如果当初他多长个心眼，在入公司之前打听清楚，或者在给老板免费加班的时候，侧面了解一下老板的为人，提前做好心理准备，盯紧老板的一举一动，也许这加工资的事情也不致打水漂了。像这样的老板还有很多，我们在为自己找老板的时候，一定要当心，以免上当受骗。

事实上，老板如何对待自己的员工，不仅会影响到员工的感受，而且还会影响到员工的成长潜力。我们搞清楚老板对员工的态度，往往对于我们是否能留在老板身边具有重要的意义。通常来讲，如果老板对员工都不好，我们也别指望着他能单独对我们一个人好，如果老板对所有的人都很好，唯独对我们不好，那么这恐怕就是我们自己的原因了。我们就更有必要进行自我反省了。

古人有云：得道多助，失道寡助。一位有道的老板，自然会获得下属的拥护，而且也会在下属中有一个好口碑，这样的老板，应该属于好老板。我们在找老板前，可以通过该公司的老板了解一下相关的情况。一位好老板应该会受到很多人称赞，甚至崇拜，而我们慕名前往，自然会不虚此行。而与这样一位好老板共事，也会让我们受益终生。

▶▶ |思 考|

　　1. 你和其他同事会在私下讨论老板吗？正面情绪多还是负面情绪多呢？

　　2. 如果你是老板，你会在乎员工对你的评价吗？

擦亮双眼：这样的老板要远离

古人云：良禽择木而栖，良臣择主而事。职场中最怕的事情莫过于跟错了老板。不过，碰上"坏老板"对我们的职业发展也不完全是一件坏事。无论我们把眼前的工作当作"真爱"还是跳板，学会应付"坏老板"都是必须掌握的职场技能。

凯恩从名校毕业的时候，一心想在事业上有所建树。他在找工作的时候，挑选的标准就是高收入。

有一次，他去一家规模很小的公司应聘，公司不健康的经营环境让他有些吃惊——同事们在上班时间公然聚在一起聊天嬉戏。在见到面试官后，面试官给凯恩开出了很高的薪水。凯恩一扫刚才的疑惑，马上表示自己愿意来上班。

这家公司确实让他获得了很好的收入，只过了一年多，他就成为公司的优秀员工，而且还在台上风光地接受了表彰。可是，慢慢地他竟然发现，公司里留下来的都是年轻人，那些年经大一些的人不知道去哪了，他感到很奇怪。

原来公司的制度存在着缺陷，公司老板并不重视那些努力打拼起来的领导人，所以当他们做出成绩之后，就已经走到了尽头，没有了上升的空间，这样一来，公司的高级领导们便纷纷离去。

这家公司由于老板的错误政策，发展的业务不断萎缩，很快这家公司走到了终点，凯恩也因此而失业。虽然让人感到惋惜可是凯思也没有办法，谁让他当初挑错了老板呢？

众所周知，当今的这个社会竞争非常激烈。在职场上每位新人都希望自己能够崭露头角：一方面，走在职场上如履薄冰；另一方面，老板们的各种许诺也让我们眼花缭乱。那么，什么样的老板我们坚决不能跟呢？

1. 缺乏诚信的老板

一个没有诚信的老板，即便再优秀，再出众，最终还是会失去人脉，将自己的企业带进一个死胡同之中。

乐之最初进入北京一家公司工作的时候，听说这家公司前景很好，业绩很好，发展速度也非常快，而且影响力很广。

当时，他确实是怀着一种庆幸的心情进入这家公司工作的，后来，他被分到了下属的一家分公司上班。当时，他所在的分公司在整个集团的业绩都是最好的，不仅顺利完成了公司规定的利润指标，而且还超额完成了。那超额的部分，可以让他们拿到更多的奖金。

他很高兴，以为自己一定可以分到很多的钱，他甚至开始盘算着如何花掉这些钱。可是几天后，传来一条让他吃惊的消息。老板新规定的提成制度，不仅让他失去了拿提成的机会，而且就连原来应得的奖金，也缩水了大半。

就这样，他一年的辛苦和一年的努力付诸东流了。

这样的公司，相信会让很多的员工避而远之。一个公司的老板为了一笔数目并不大的奖金，失信于自己的员工，这不得不说，这样的老板让人鄙视。这样的公司会缺少员工的向心力，就像一盘散沙，很容易走到破产的境地。

这样的公司会让员工没有归属感，更会在激烈的市场上缺乏战斗力，注定前景不佳。

2. 目光短浅的老板

这样的老板往往缺乏规划，没有具体的十年目标和二十年目标，甚至没有一个五年计划。这样的老板，往往把 80% 的时间用于解决眼前的看似紧要的事情，只把 20% 的时间用在未来几年的计划上。

这样的公司，会让员工有安全感吗？跟着这样的老板，你还能实现自己的人生理想和宏图大志吗？

3. 自私自利的老板

这样的老板，往往不能忍受别人比自己强，而且自私的心理状态决定他只想着自己。如果有人比他自己强的话，他就会感觉自己成为别人的陪衬，这样的人是不能被别人接受的，于是他就会感到烦躁不安，心神不宁，甚至他不能吃一点点亏。

更多的时候，他会在心理上产生一种不接受和反感别人的情绪，这也是他不愿意面对现实的原因。这样的老板往往自尊心极强，而且非常敏感，这样的人对于别人一些随意的话，往往内心里非常计较，哪怕这些话和他没有多大的关系，他也会无法释怀。他只想着怎么让别人为自己谋取利益。这样的人会让我们感到防不胜防，而且不知道什么时候，就会得罪他，会因为他而利益受到损害。

当老板的人品好的时候，会得到越来越多人的信任，赢得更多的机会，这就好像是一座无形的金矿，这里面藏的是无穷的财富。

▶▶▶ 思 考

1. 你在以往的求职过程中遇到过"坏老板"吗？可以分享一两个真实发生的故事吗？

2. 如果你发现自己的老板是一个"坏老板"，你会怎么做？

05

内察老板：

9个方法让你找到最值得学的老板

公司面貌约等于老板面貌

随着社会经济的发展，企业之间的竞争变得越来越激烈。企业要想在这样严峻的环境中生存下去，就要保持良好的积极向上的企业面貌，只有这样才能使企业更加具有生命力。

在我们父辈那一代，人们常常终身从事一种职业，很少有机会改变。老板的重要性也轮不到自己来评价，因为不管怎么样，几十年甚至一辈子都会在这位老板手下度过了。可是现在社会，职工的流动性很强。在市场经济里，人们所关心的，是怎样才能找到一份合适的工作和在一个合适的老板手下工作。

一般来说，老板如何治理自己的公司，公司通常就会呈现出什么样的面貌。观察公司的面貌做出决定，是我们挑老板的时候一个重要的参考。举个例子来讲，长春餐饮服务业的一位新星孟凡玉，是外出打工创业的榜样，被国家有关部门树为典范。她当初在打工挑老板的时候，就经历了从挑公司到挑老板的历程。

孟凡玉的父亲与别人创办饮料公司赔了钱，举债无数。无奈之下，孟凡玉从老家来到长春市打工。虽然招人的饭店多得是，可是孟凡玉有自己的主意，她一定要为自己挑一位好老板。她一天到晚不停地转，把长春市大大小小的饭店都转遍了，最后，她挑中了一家干净整洁、生意兴旺的饭店工作。

在这家饭店里，所有的桌椅都摆放得整整齐齐，地面很干净，桌子上的餐巾纸，各种调料瓶也擦得干干净净。服务员们的衣服也很干净，大家面带笑容，迎来送往。这样的打工环境，让她心动。于是，她毅然决定留下来。果然，在这里，她跟着饭店的老板学了很多的东西，一些待人接物的技巧，一些服务的经验，更重要的是一些管理的办法，她都受益匪浅。这为她后来自己创业，打下了良好的基础。

孟凡玉后来自己创业开饭店的时候，接到一个给一家工程队做饭的订单。虽然一个人要准备 100 个人的饭，可是她头脑清楚，买多少种食材，每种买多少，她都理得一目了然。

餐厅开业之后,她的餐厅大堂里永远干净整洁,无论来多少客人吃饭,一进门看到的永远是一尘不染的环境。后来,她把饭店交给别人管,自己去更大的餐饮店取经,被长春另一家酒店聘任为总经理,成为长春餐饮服务业的一名高级管理人才。

不少老总都请她帮忙出谋划策。问起她成功的原因,她自信满满地说道:"这些全是因为我会挑老板,再加上靠自己的努力,只有这样才闯出属于自己的一片天地。"

可能有的人会说,公司面貌和老板之间的关系就真的那么大吗?确实如此,一个老板的思想品格和决策方式,影响着公司的整体面貌。老板的为人怎么样,业务水平怎么样,决定着公司会怎么样。

海尔公司的面貌在优秀企业中堪称典范。举例来讲,在海尔有一条规定,工人们走在厂区内的时候,要走在左侧的黄线内,每一个工人不用提醒,都会自觉地去做。无论什么时间,都是如此。去采访的记者问这是为什么,工人回答说,我应该走在这里,因为从我来到海尔的第一天,我就接受了这样的文化培训而且受到了所有老员工的影响。所有的人都是这样做的。此外,看到干净整洁的车间,看到具有活力的各位员工,再看到整体的精神面貌,几乎百分百的应聘者都会选择留在这里工作。海尔公司的老板认为,公司之所以具有这样的精神面貌,是想通过这样的培训传递一种理念,企业的文化是要靠老板坚定不移地执行、设计和建设起来的,它是一个企业成功模式的根本。

按照哈佛商学院的标准,海尔公司的精神面貌是其中重要的一个方面。一个公司的面貌,体现了一位公司管理者的管理理念。公司老板是什么样的人,就会让公司的精神面貌向着什么方向发展。有的公司老板管理松懈,对下属的要求不严格,也没有一套完整严密的公司制度来约束他们,于是公司整体呈现出一种涣散的精神面貌。

张奇大学毕业后,曾到一家民营公司任职。当时公司里只有十几个人。老板是一个态度很随便的人,他认为自己的公司小,没有必要做一个完整的企业制度和规划,大家只要按点上班,按点下班就行了。公司的员工们在上班时间偷着玩游戏,各种办公用品随便扔得哪儿都是,就连公司的卫生整洁,员工也很难按时搞。张奇当时并没有留意到这些，反而被老板开出的高工资所诱惑，事实上，他也从来没有拿到过老板口中提到的高工资，反而工作之后没有多久，公司就倒闭了。

这样的公司当然不可能长久经营下去，这样的老板，当然不是我们选择的对象。他自己本身的精神面貌不佳，自然会让公司变得涣散不堪，这样的公司缺乏一定的凝聚力，又如何能取得成功呢？

现在的企业正面对日趋复杂且极富变化的市场环境。随着品种多样化、低价格化、高质量化、交付期缩短化等的进一步发展，企业之间的竞争也变得越来越激烈。企业要想在这样严峻的环境中生存下去，保持良好的积极向上的企业面貌，才能更具有生命力。

日本著名的生产管理专家平野裕之管理专家说过"整理、整顿、清扫、清洁、教育是一家企业生存和发展的基础"。而这五项更是对企业面貌的基本要求。我们不妨在为自己找老板时，加以参考。

▶▶ ｜思 考｜

1. 海尔和孟凡玉的故事给你带来哪些启示？

2. 你是否看重公司面貌？你觉得公司面貌重要吗？为什么？

谈吐暴露老板的"内在"

潮州人以精明和善于做生意闻名天下。曾经有一位潮州老板讲过这样的一句话：老板的口才决定着钱包的涨起和涨落。这句话非常形象地说明了一位老板的谈吐对他的生意起着多么重要的作用。如果一位老板口才不错，自然可以让自己的生意做得风生水起；而如果老板口才不好，不善于表达，可能在公司的经营过程中，多多少少产生一些障碍。

在一本专业调查期刊上，看到了这样的一组数据：一个老板从早上醒来到晚上入睡，一天之中要说4000多句话来安排自己的工作。比如说，他要给自己的下属来安排工作任务，他要和商业合作伙伴一起商讨合作的细节，他要寻找投资，他要给管理人员进行指示……

这么多的事情安排下来，自然少不了发号施令，不断的说话成为老板的常态。

潮州人以精明和善于做生意闻名天下。曾经有一位潮州老板讲过这样的一句话：老板的口才决定着钱包的涨起和涨落。这句话非常形象地说明了一位老板的谈吐对他的生意起着多么重要的作用。如果一位老板口才不错，自然可以让自己的生意做得风生水起，而如果老板口才不好，不善于表达，可能在公司的经营过程中，多多少少产生一些障碍。

通常来讲，老板们大多分成以下几种：幽默型、口蜜腹剑型、急脾气型、外冷内热型、爱唠叨型等。下面，我们具体分类进行讲述：

1. 幽默型老板

幽默型的老板，往往能说出让人开心的一些话来，这是他们讨别人喜欢的重要原因。我想大多数人都喜欢和一个幽默的人打交道。如果有一位老板在和你谈生意的时候，一脸苦大仇深的样子，相信你也不会开心。一个谈吐幽默的人，往往性格很开朗，他们在日常生活中，处理一些小事情的时候，往往可以凭借这一点获得别人的理解，而且还能调动人与人之间交谈的气氛。

我们知道，一个人的幽默气质，是一个人的人格魅力的体现，同时也是一个人自信心的体现。大家知道，美国总统奥巴马就是一个很幽默的人。当全世界风行骑马舞的时候，他就曾当众和自己的家人一起跳这段舞蹈。他的这一动作形象被人们称为亲民政策，从而获得了更多选民的支持。

此外，如果我们跟着一位幽默的老板做事，整天会很开心，乐观的精神往往让人变得兴奋而激动，在这样的工作环境里工作，你会感觉轻松。此外，一个老板如果很幽默，通常会平易近人，与这样的老板沟通起来会更容易，我们在工作上遇到的阻力就会少了许多。

2. 口蜜腹剑型老板

有的老板是口蜜腹剑型的老板，这样的老板在商场里是很常见的，在商场里面，有些人的钩心斗角会让他们变得心口不一，这样的人往往当面一套，背后一套，让你防不胜防。在这样的老板手下工作，自然会担心。说不定什么时候，我们就会被这样的老板摆上一道。比如说，有的老板表面上处处为我们考虑，许诺把事情做好了之后，会给我们许多好处，但是我们做成之后，也许什么也不会得到。

3. 急脾气型老板

有的老板是急脾气，无论做什么事情，总是嫌你太慢。他们交给你一项任务的时候，恨不得让你马上完成。他们表面上看起来似乎很讲效率，可实际上，他们的工作质量也许并不高。

阿杰曾经在一位姓王的老板手下做事。这位王老板每次安排了工作任务，恨不得让阿杰立刻把工作结果汇报给他。有一次，王老板安排阿杰做一个策划。在做策划的过程中，王老板一连催了数次，而且还是在同一天。可是这个策划案交上去之后，在他手上放了一个多星期，他连看也没看呢。这样的老板，说起来，真是让人可笑又可气。

4. 外冷内热型老板

有的老板外表看着非常凶，可实际上对人还是不错的。他们可能在叫你的时候，大呼小叫地听起来很吓人，可实际上他们的心眼儿并不坏。只不过言语上狠一点，心里是非常好的。这样老板虽然毛躁，但是他们对人还是不错的。干活的时候，带着大家一起拼命干，如果有了好处，也会在第一时间想到你。跟着这样的老板，通常不会吃亏。

5. 爱唠叨型老板

有的老板爱抱怨，爱唠叨。一件事情，可能他会屡次给你讲，这样的老板也许只是有些啰唆，人并不是太坏，可以考虑跟着他干。

在西方的一些国家，人们曾把舌头、金钱、原子弹称为"世界三大威力最强大的武器"，而且舌头还是排在第一位的，可见，口才的社会作用已经被抬到了惊人的高度。在公司经营当中，对内对外，老板都需要依仗口才利器来应对一切问题。对外谈判的时候，老板要靠好口才为自己争取生意；对内统率员工的时候，老板要靠好口才来激发工作的热情，这样才能让自己的企业保持旺盛的生命力。由此可见，口才对于老板而言意义重大。

从老板的言谈洞悉老板的心理之所以重要，不单是因为这样能让你把握住老板提供的机会。很多时候，洞悉老板的谈吐风格也是你避免上当受骗、认清楚形势和自己所处环境的重要手段。当你遇到那种口蜜腹剑、假仁假义的老板时，通过他的谈吐洞悉他真正的心理活动则显得尤为重要，不然你就会被他的表面言语所迷惑和利用，这样他不仅不会帮助你获得成功，反而有可能给你的人生带来障碍和打击。

▶▶ **思 考**

1. 你的老板属于上述哪一种类型的老板？请浅谈他的管理特点。

2. 你认为自己是擅于表达的人吗？如果不是，想过如何改变自己的不足吗？

看老板可以"以貌取人"

一个人的穿衣打扮，往往能显示出一个人的职业和爱好、社会地位，甚至一个人的脾气秉性。如果我们再细心一些，还会看出他们的文化修养，甚至信仰和生活习惯等。

电视剧《时尚辣妈》中有这样的一个情节：女主角的老板在她工作期间，对她多加照顾。分析起主要的原因，竟然是因为女主角穿了一件非常时尚的衣服。而女主角之所以留在这家公司工作，也是因为老板的衣着品位和自己大体相似。可以说，她这是不折不扣地"以貌取人"来挑老板。

在生活中，我们在找工作的时候，如果有幸见到老板，可能与之交流的机会也并不多。但是老板的外貌我们一定会看到，如果细心观察，可以从中发现不少细节，根据这些细节对老板的为人进行判断，也是一个重要的挑老板的方式和方法。

说起外貌，先说穿着打扮，因为一个人的相貌是父母给的，有太多的先天因素。我们无法从中断定什么。所以，我们不妨从穿衣打扮上来进行分析。因为一个人的穿衣打扮，往往能显示出一个人的职业和爱好、社会地位，甚至一个人的脾气秉性。如果我们再细心一些，还会看出他们的文化修养，甚至信仰和观念以及一个人的生活习惯等。

通常情况下，很少有老板会和自己的下属聊许多的话。因此，老板在下属们的面前，就笼罩上了一层神秘的光环，这种光环让我们很难走进他们的内心。所以，靠他们的穿着打扮来判断为人，就具有非同寻常的意义。

柳菲最初上班的时候，遇到的是一位四十岁左右的孙老板。虽然这位老板年纪已经不小，可以当她的大叔了。可是他们见面的第一次，却让柳菲结结实实地吃了一惊，原来，这位孙老板竟然穿了一件粉色的T恤，太随便了且不说，这样的穿着打扮，不是要"装嫩"吗？事后，柳菲发现，原来这位孙老板特别具有青春的活力。虽然他 40 多了，可是思想一点也不老，每当大家有什么新的创意或者想法，一定会得到他的支持，他的思想非常活跃，也正是因为这样，柳菲才选择留在这家公司工作。事后也证明她的想法是正确的。

还有一位朋友，遇到的老板爱穿一些颜色灰暗的衣服，而且老板的性格也很沉闷，事后，他在公司工作了一段时间之后发现，这位老板的个性果然让人感到压抑，因此他在这家公司干了很短的一段时间，便提出了辞职。

由此可见，从一位老板的外貌，我们完全可以判断出一些隐藏在他们光鲜外表之下的秘密，这些秘密会让我们对老板为人的判断，多了几分把握。下面，让我们分类来对这些老板的外貌进行说明。

1. 爱穿休闲装的老板

这类老板通常对生活品位的要求很高。他们不但要求要舒适，而且还会非常注重款式，上上下下会把自己打扮得严密无比。在个性上，他们喜欢掌握主动，主观意识非常强。无论对自己还是对下属，要求都是非常严格的。在生活中，他们也是一个非常有规律的计划者，如果有什么活动，一定会提前安排妥帖。跟着这样的老板，我们一定能很快提高自己，让自己的能力得到有效的锻炼。

2. 爱穿西服等职业装的老板

这样的老板比较严谨，性格比较保守。他们通常喜欢按部就班地做事情，为人处事比较死板，而且在人际关系上，格局比较小，这样的老板会比较安稳，但是缺乏创新精神。

3. 爱穿旧衣服的老板

有的老板喜欢穿同一套衣服，他们总是对一些旧的东西恋恋不舍。我曾见过一位老板对自己创业初期用过的电脑格外珍惜，虽然这台电脑已经破得不能再破了，而且也不能用了，他还是让人把这台电脑放起来，留作纪念。这样的老板，对旧有的事物和人际关系，总有一种深深的依恋，他们比较看重朋友，也很重视人与人之间的感情，对这些老板而言，只有熟人才是最值得信赖的。这样的老板，我们一定要珍惜。因为这样的老板不会对我们痛下杀手，会带着我们一直走下去。只要跟紧了他，我们一定会成为离成功最近的人。

除了穿着打扮，外貌还包括一个人的外表和形象气质。一位老板，并不是只有全身名牌，才叫有气质，在内心深处，他们是什么样的，往往会在外貌上有所表现。

大家知道，国际上很多有名的美容产品公司每当开产品发布会的时候，这些老板们的出场，会让我们大开眼界，我们可以看到他们的气质由内而外在散发，而且每个人看起来都是那么的赏心悦目。

像著名的化妆品牌羽西，在创办自己的公司之前，就是一个美容达人。在开自己的化妆品公司的时候，她本人就是形象代言人。当她出现在媒体面前的时候，皮肤娇嫩细致，让人感觉肌肤由内而外的蓬勃生机。与此同时，她的精神也非常好，这样的女人，够自信，也让人充分相信公司的产品，跟着这样的老板，相信你一定会有一个光明的前途。

挑老板"以貌取人"，可以通过细节来观察一个人的全貌。曾经有一本叫作《细节决定成败》的书数次卖到脱销。书中主要提倡的就是通过一些细节来观察身边的人。其实，细想起来，以貌取人不过是通过细节判断老板为人的一种方式。因此，我们不妨多多积累生活的经验，然后通过观察老板的外貌来揣测对方的为人，进而决定是否要跟随这位老板，从而让自己的职业选择变得更加理智。

▶▶▶ │思 考│

1. 你是"以貌取人"的人吗？

2. 你认为不同装扮的老板性格有何不同？为什么？

老板的朋友圈折射出老板的交友倾向

有句话叫作"物以类聚，人以群分"。摸清一位老板的身边通常都是一些什么样的朋友对我们而言非常重要，我们可以通过他的朋友圈子来判断老板的交友倾向以及脾气秉性。

有句话说：你想减肥，就不要与胖子为伍。因为胖子喜欢吃，你和他在一起，难免不会因为馋嘴染上暴饮暴食的恶习。人是一种高等动物，受"暗示"性很强，模仿能力也很强。我们很容易受周围环境的影响而改变自己，经常与酗酒、赌博的人厮混，你不可能进取；经常与抱怨不止的人为伴，你也会满腹牢骚；经常与贪得无厌之人交往，你也会沦为唯利是图、见利忘义之辈。

因此，我们要了解老板是什么样的人，只要用心观察老板平时都和什么样的朋友来往。如果与老板交往的都是些口是心非、狡诈、虚伪之人，那么我们的老板也差不多是这样的人；反之，如果老板结交的都是一些有企图心、责任心、有担当正能量的朋友，自然我们的老板也是值得我们跟随的人。

有的老板对朋友不讲信义，对员工也会如此。他承诺的事情做不到，等员工为自己卖命之后，立刻变卦，跟着这样的老板，你自然会提心吊胆。因为在他的眼中，也许你只是一枚棋子。所谓的感情只不过是商场上进行交换的筹码。如果你不慎成为他们交换利益的工具，你觉得自己会得到老板的善待吗？你还会觉得自己的前途一片光明吗？显然，答案是否定的。

有的老板只讲究利益，不顾员工的死活。这样的老板根本靠不住，也许哪一天你会被他当成筹码卖掉。这样的老板，实在太可怕了。

如果老板对自己的朋友不讲信义，在朋友遇到危难的时候不出手相帮反而落井下石，这样的老板，你会希望跟吗？当然不会。

有的老板对自己的朋友反复无常。朋友春风得意的时候，老板跟着谋取好处，朋友落败的时候，老板落井下石，这样的老板，我们当然也不能跟。还有的老板利用自己朋友的关系，谋取不正当的利益。有的贪官，就是这样被自己的朋友拉下水的。

有一位土地局的女干部，最开始和自己的一位美容店的老板朋友非常合得来，二人之间的交往非常密切。后来，房地产开发商就花了很多钱给这位美容店的老板送礼，求她帮忙引荐。其实美容店的老板也明白，自己如果引荐的话，是在为这些开发商们谋取利益，他们一定会顺着这条关系链往上爬，寻找接近女干部的机会，然后伺机为自己谋取好处。但是这位美容店的老板被利益冲昏了头脑，她答应了这些开发商的要求，把他们引荐给自己的朋友。结果女干部最终没有抵得住经济利益的诱惑，贪污受贿，最后入狱。她当时非常后悔结交了一位这样的老板。

而这位美容店的老板手下，有几十个员工。听说了这件事情之后，纷纷离职，他们觉得跟着这样的老板工作太可怕了，也许用不了多久，自己也会成为她拉拢客人出卖利益的工具呢！

女老板的人品不好，自然缺乏人格魅力，下属们不想跟着她继续工作，也在情理之中。

商场是残酷的。一位人品好的老板，比珍宝还要宝贵。我们跟着这样的老板工作，会感到安心省心放心，可以说，这是一位"三心"牌的放心老板。如果老板对自己的朋友都非常真诚，对下属自然也不会差到哪里去。当老板对我们付出一片真诚的时候，我们有什么理由不为老板努力工作呢？而当大家都在为老板卖命的时候，公司的凝聚力就会增强，就会获得更好的收益。跟着这样的老板，我们的前途自然会一片光明。

思考

1. 你认为朋友圈是否可以反映出一个人的性格秉性，为什么？

2. 如果你是老板，你会喜欢跟哪一类人为伍？

从对待下属的态度能判断老板的好坏

　　现在，大部分的企业都倡导人性化管理，老板对下属的态度，是人性化管理的关键。一位老板若是真的悟到了人性化管理的真谛，一定会善待自己手下的每一位员工，这样的老板自然称得上是一位好老板。

　　王晓月刚参加工作的时候，由于工作经验不足，在做一个策划案的时候，没有达到上司的要求。这份策划案刚好落入了老板的手中，大家都为她感到担心。王晓月自己也以为这次肯定是"死定了"。结果出人意料的是，老板并没有训斥她，相反还宽容地教导她，以后策划案不完善的时候，要学会主动向别人请教，自己不懂的地方，一定要善于学习。

　　王晓月非常感激老板给了自己这样的机会。可以说，这位老板是一位善解人意的老板。大家都知道，老板是一位能够善待下属的老板。这次，老板是把王晓月当成朋友看待，他对员工的能力性失误给予了谅解，向员工讲清楚道理，让自己的下属提升了能力。这样的老板，当然是一位好老板。

　　像王晓月碰到的这位老板，对下属的态度显然非常人性化。初来的员工没有工作经验，把一份策划书做得不理想，是能力性的错误。面对这样的错误，老板能宽容大度，说明他是一位心胸宽广的人。所以，我建议大家在挑老板的时候，也要找这样一位有胸襟的老板。

　　还有的老板把下属当成自己合作的伙伴。在他们的眼中，下属就是自己的合伙人。有钱大家赚是他们对员工的承诺，先富带后富是他们的工作原则。他们会想尽各种办法带着员工一起奋斗。这样的老板，一定会让我们得到想要的高薪。

　　有的老板就像奴隶主一样，觉得自己给下属们付了工资，就相当于买了奴隶，可以随便使唤，这样的老板一定会对员工极为苛刻。他们不会把员工当成一回事，更不会重视员工的需求，他们时刻所想的，只不过是如何榨干员工身上的最后一滴血。跟着这样的老板，员工显然不会有前途。因为他们不会重视员工，在这里你不会找到受人尊敬的感觉，甚至会失去自尊。

王光吉就曾遇到这样的老板。他开始做的是业务员的工作。原本在一家公司里干得好好的。后来，有另外一个公司的姓周的老板挖人，给了他诱人的高薪和提成，他就跳槽过去，谁料周老板让王光吉和那些客户取得联系之后，老板弄到了这些客户的联系方式，和这些老板建立了合作关系。时间长了，周老板直接让自己人和客户来往，把王光吉晾到了一边，然后王光吉被辞退了。

这样的老板，我们当然不能跟。

还有的老板只能共苦，不能同甘。

梅小玲就遇到了这样的老板。当初，老板开理发店的时候，只有她和另外一名打工妹，老板对她俩非常不错，让她们住在店里，还管吃管喝管各种日常用品。时间久了，理发店越开越大，还加了美容等多项服务，老板与她俩的关系反而日益冷淡。当老板加开了美容连锁店的时候，新招了一批更年轻漂亮的女服务员，而后以她俩年纪大了、外表不漂亮了为由辞退了她俩。

这样的老板，显然也不能跟。她们没有感情，对人对物以利益为最终的目标。他们用人的时候，让员工拿出最大的资源，付出最大的努力，一旦不用你了，立刻翻脸不认人。

还有的老板喜怒无常。他们对下属的态度时时都在起变化。我曾遇到过这样的一位老板，他对下属们态度好的时候，往往是公司的利益好的时候，对员工的工资也发得很大方，什么提成加班费出差补助都有。可是当公司效益不好的时候，员工们的待遇就差了很多，而且拿到的工资也变得非常少。对下属的态度也经常发生变化。如果员工业绩好，他就会摆出一张笑脸，哪天暂时因为什么事情业绩降下去了，老板就摆出一张臭脸给人看。这样的老板，是典型的小人。小人型的老板得志时猖狂，失意时又对你奉若珍宝，反复无常。跟了这样的老板，显然也不会过上什么舒服日子，还是小心避开为好。

一般来讲，老板对下属好不好，也从侧面表现了老板的为人怎么样，人品好不好。如果老板对所有的员工都不好，唯独只对你好，那有可能你现在有什么值得利用的地方，此时你就要小心了。如果老板对所有的员工都很好，唯独对你不好，那你就要自己检讨一下，是不是自己做了什么让老板不高兴的事情，这时最好反省一下自己，吸取教训，以免在人生歧途上越走越偏。

| 思 考 |

　　1.请简述一下你的老板对你的态度和其他同事有何不同？

　　2.如果你是老板，你会以什么样的态度对待员工呢？

读懂老板脸上的"天气预报"

有一句俗语很多人都听说过"出门看天色，进门看脸色"，如果我们能读懂老板面部的"天气预报"，那就可以把握好老板的心理。无论老板的性格怎么样，相信每一位老板都喜欢见机行事、懂自己心思的下属。

我们在观察一个人的时候不难发现，人的面部语言是通过肌肉的姿态变化来表达思想的，面部可以把高兴、悲哀，痛苦，后悔等各种表情充分地表现出来，可以说，面部表情是内心深处情绪变化的晴雨表。

有一句俗语很多人都听说过——出门看天色，进门看脸色。读懂老板的脸色，是一门很实用的职场必修课。

我常听有的人感叹，老板经常给自己脸色看，动不动就训人。老板表现出这样的态度，无外是两个原因：一个是他对你的要求比较高，但是你没有达到，这是一件好事，说明老板在有意栽培你，希望你能尽快提高自己的水平。不过，也有另外的原因，那就是老板可能对你有偏见，这种时候，你就要保持低调，尽快用自己的行动来改变自己在老板心中的形象。有的人要想在职场上有所建树，那就应该学会让自己的职业生涯开花结果。如果认真观察老板脸色的"天气预报"，就会明白他的心意，从而有所准备，这样对自己的职场生涯才是最好的。当然，察言观色并不等于奴颜婢膝，更不等于没有原则的刻意讨好。

崔志强曾经遇到过这样的一件事情，有一次，他去公司上班的时候，刚好碰到大家在议论老板的事情，因为最近老板在生意上遇到了很大的麻烦，他正在焦头烂额地想办法。公司的一个业务员携款潜逃了。虽然报了警，但是直到现在也没有找到什么线索，这样一来，老板都快愁死了。偏巧在这个时候，公司里有一个平时不怎么得老板喜欢的员工，做出了一副幸灾乐祸的样子，甚至在办公室里公开谈论这件事情，带着一种开玩笑的态度。这样的员工，显然会让老板厌恶。于是，在开会的时候，老板公开拿他出气，将他狠狠地训了一顿。

而崔志强的做法则与之相反，他认真地处理好自己手上的工作之后，又找到了老板，然后好言安慰了几句之后，把自己积极想的办法讲了出来。他觉得这个人一定会和家人联系的，公安局一定会尽快将此人抓获。果然，时隔不久，这个业务员就被抓到了。老板为此非常感激他，后来崔志强果然得到了提拔和重用。

在上述事例中，我们不难看出，老板的脸色很难看的时候，不管这件事情与我们自己是否有关系，我们都要有所表示，让老板感到自己的关心和理解。如果有必要的话，我们不妨伸出援助之手。在职场上，帮助老板就是帮助公司，帮助公司就是帮助我们自己。如果老板是一个感恩的人，他会记住你这份情谊。

如果我们在危难的时候帮老板一把，显然对我们的职场生涯是有利的。

那么，我们如何读懂老板脸上的晴雨表呢？

首先，让我们看一下微笑的含义。

微笑有很多种，有的微笑老板对你很满意，此时，他们的眼睛会笑眯眯的。有的时候，老板对你不怎么看好的时候，也会微笑，只不过种时候，微笑就是会变成微微露齿的笑了。还有的时候，老板可能会对我们不屑一顾，这种时候，我们就要留心了。有的时候，老板会对着我们哈哈大笑，通常这种情况表示老板对我们的信任。这种笑声越大，老板对我们的信任越大。当然，也有的时候，老板会坏坏地笑，这就不用解释了，通常是在开玩笑的时候，或者恶作剧的时候派上用场。如果你能碰到这样的情况，那无疑是和老板在很私密的场合出现了。

其次，当老板面露不悦的时候，我们就要小心了。

我一个同事，有一次去汇报工作的时候，中途老板接了一个电话，大概是听说了什么不好的消息，老板的脸色一下子变得很阴沉，皱着眉头。同事想了想，立刻找了个借口，小心翼翼地退了出来。可是秘书却不看脸色，不知死活地走了进去。结果秘书没等开口，就让老板轰了出来。可以说，秘书比较倒霉，但是如果当时她看到老板的脸色，立刻找借口退出来，也许不会发生这样的事情。

因此，当我们看到老板的脸色不佳，或者晴转多云的时候，一定要小心谨慎，能不说就不说，以后寻找老板高兴的时候再说；能少说一定要少说，不要等事情发生了，再考虑这些。还有的老板喜怒无常，这种时候，就要随机应变了。如果你发现老板的脸色不对，皱眉，眼神凌厉，此时就要谨慎开口，斟酌着把自己的事情讲出来。如果你讲的事情让老板动怒了，此时就更要小心了，一定不要再说话，以免惹老板大动肝火。

有些时候，老板不高兴并不是因为我们，而是因为别人。这种时候，我们尽量离他远一些，免得他迁怒到我们的身上。有的人可能会想，我怎么惹着他们了。但人都是感情动物，在气头上说的话往往很冲动，我们不要在无意之中替别人堵了枪口，变为炮灰。

可能有的人会说，我为什么非要去研究老板的脸色呢？我靠自己的本事干活吃饭，何必要看别的脸色呢？无论老板的性格怎么样，相信每一位老板都喜欢见机行事、懂自己心思的下属。如果我们想得到老板的重用，读懂老板的心思就成为职场上的必修课。如果我们能读懂老板面部的"天气预报"，那就可以把握好老板的心理，才能更容易接近老板。只有与老板走近了，才有可能展现出自己过人的能力，从而获得老板的青睐，而这种情况下，你才能避免暴风骤雨的洗礼。

▶▶▶ **思 考**

1. 你掌握了读懂"老板脸上天气预报"的技能吗？

2. 你是否有过不懂老板脸色而弄巧成拙的经历呢？请分享一两个真实的故事。

决策方式能反映出老板的性格特点

　　老板的决策水平高低，决定着公司的未来发展前景，决策是一种科学，也是一种艺术，更是一种大智慧。

　　在职场中，老板是一个公司的灵魂。如果老板的决策能力不佳，一个公司的人都会跟着倒霉。如果老板的决策能力出众，那我们就应该感到幸运。一项机智的决策，不仅关系到公司上上下下无数员工的命运，也关系到公司能否生存和发展下去。老板的决策水平高低，决定着公司未来的发展前景，决策是一种科学，也是一种艺术，更是一种大智慧。它可以决定一个公司的生死，可以说，在关键时刻，一个决策有可能让公司起死回生，也可以让公司从此消失。所以说，我们从决策方式判断老板的为人，是一项明智的举措。

　　有的老板在决策方面是侦探型的，是一种比较愿意接受别人意见的决策方式。他们会挑一些管理人员，让他们发表自己的看法，不过拿主意的还是自己。

　　有的老板在决策方面是队长型的，他让所有的人组成团队，集中进行决策，当决策者发表意见的时候，会征求每个成员的看法，以取得完全一致的意见。

　　有的老板在决策方面是导演型的，所有的事情一定要按他的安排来开展。任何人不能发表不同的意见，在自己的公司，他就是君王，所有的决定都要由他来进行决定。别人不能发表任何不同的意见。

　　那么，哪一种决策方式最好呢？

　　有的老板是习惯性的独裁，他容不得自己的下属发布不同的意见，这样的老板很霸道，显得独断专横，很难被人接受，跟着这样的老板可能你不会有发挥自己才能的空间，需要谨慎选择。

　　有的老板在决策时一意孤行。当反对的声音越来越强烈的时候，他总是要按自己的主意执行，而事后的结果也许会证明，当初这位老板的决策是正确的。

中国十大新锐型企业家之一李想是 1981 年出生的，他只有高中的学历，最初创办泡泡网的时候，每个月只有几千元的进账。但是过了四年，他已经上升到了几亿元的身价。他有一句名言叫作"在高速上保持预见性，把自己变成导演"。这句话的意思，已经透露出他是一个导演型决策者。

高中毕业那一年，李想告别父母去了北京，他到北京之后，开始招兵买马，创办了泡泡网，然后开始正式的商业运作。此后泡泡网的广告销售每年以 100% 以上的速度增长，不久，又从 IT 产品向汽车业扩张。可是这些公司的决策，大部分是他自己做出的决定。如果他的下属不同意他的说法，他与下属们争论，然后大家进行观点的激烈碰撞，这样一来，他的观点在争执和认同中不断进行创新，从而保持着公司的高速发展。

衡量决策者的好坏，关键是看他们能准确判断什么时候应该听大家的，什么时候应该自己做出决定。

我曾遇到过一位队长型的老板，他很在意大家的意见，公司任何一个决定，他都会听取所有人的意见。但问题是每次大家的意见都不一样，结果就大会小会不断地开，反反复复研究、讨论，最后好不容易达成共识。但事后证明，这是一个坏得不能再坏的主意，让很多的人感到不满，结果这个公司没几年就倒闭了。

很显然，这样的老板虽然能听取大家的意见，却是不懂得自主拍板的人，当然也不是我们的最佳选择。

选择一个决策能力强的老板，会让自己在公司有很好的发展空间。如果我们选择一个决策能力不强的老板，哪怕你能做得很好很冒尖，也许才能的发挥也会受到限制，这样的公司，也许并不适合你的存在。

所以，在选择老板的时候，我们一定要综合来进行衡量，就像是三国时期的三大枭雄一样。如果你才华出众，具有远见卓识，想要大的发展空间，也许刘备那样的老板最适合你；如果你喜欢跟着有决断力和高超执行力，喜欢独断专行的老板干，那就跟着曹操这样的老板；如果你喜欢和大家一起想主意，靠团队作战取胜，那我们可以参考一下孙权这种类型的老板，因为他通常无论大事小事，都喜欢找下属周瑜等人来解决。先搞清楚自己的特点，再按部就班地找与之对应的老板，然后再和这些老板们搞好关系，才会在职场上立于不败之地。

▶▶▶ |思 考|

　　1. 你现在的老板属于哪一种类型的老板？你们性格相投吗？

　　2. 你遇到过觉醒性差的老板吗？可以分享一两个真实发生的故事吗？

懂了老板的肢体语言就懂了老板

据心理学家们研究，人类的肢体语言在语言信息表达中占有绝对重要的地位。而老板是职场中特殊的种类。他们也会有一些特殊的动作，这种动作往往会透露出许多特殊的信息，从而构成老板特殊的肢体语言。

有一句古语说得好"伴君如伴虎"。在老板的身边，我们就一定要读懂老板的肢体语言，这样才能先知先觉，防患于未然。

举例来讲，有的老板固执地喜欢独裁，他们坚信自己的职位对别人具有一定的特殊性，凛然不可侵犯的神圣性。他们不允许别人对自己的权力说不，这样的领导者往往会在肢体上表现出一种十分明显的攻击性的姿势，他们这种不苟言笑的表情，看下属的时候的眼神，往往带有一种优越感，而他们的手也总是在不经意间带了指挥别人的味道。

有部美国大片叫作《国王的演讲》。相信里面的主人公让所有人记忆犹新。国王最开始演讲的时候，感到怯场。他说话结巴，手不安地摆动着，额头冒冷汗，而且眼睛游移不定，一切都显得他是那么紧张，那么没有自信，这样的情况下，他根本没有办法演讲，于是，他只能把自己的身体绷紧，这种细微的举止无疑暴露了他信心不足的状态。国王没有办法控制自己的身体，自然也没有办法演讲。

同样，当一位老板面临紧急任务的时候，如果他手忙脚乱，那显然他对这件事情的预期不足，没有信心。这样的老板，显然不可轻易信赖。相反，如果老板的动作有条不紊，无论遇到多么严重的事情，都可以保持良好的坐姿和表情，那无疑老板是一个有自信的人，具有把控全局的超能力。跟着这样的老板，相信你也会充满信心，对自己的前途有着无数美好的憧憬，所以，我们根据老板的肢体语言来判断他的为人，然后再去挑老板，不失为一个好办法。

江平第一次见老板的时候，非常紧张，他猜不准老板是个什么样的人。可是当他出现在老板面前的时候，老板表现出来的放松的、友好的肢体语言，让他彻底放松了自己，而且轻松地与老板进行了谈话。这样的感觉，让他觉得老板是一个极其体贴下属的领导。这样的老板会对下属很好，他们言出必行，值得信赖和跟随，更值得我们把希望寄托在他们的身上。果然，在他加入这家公司一年的时间里，老板曾多次给他加薪，而且当初对他的承诺，也一一兑现。

一位叫林悦的求职者就没这么幸运了。她进入的公司是一位女老板。当老板与她交流的时候，自顾自地修指甲，这种以自我为中心、不顾别人感受的行为，让她很难受。结果事后证明，这位女老板果然非常霸道，凡事独断专行，根本不肯听从别人的意见，也不拿下属当回事，想用就用，不想用立刻让下属辞职回家，这样的老板，显然让人感到失望。

由此可见，老板的肢体语言，也会影响到他们的管理风格。一个老板的肢体语言是他管理风格的内在体现。

通常来讲，老板常用的肢体语言有以下几种。

1. 手势

手势，这是一种通过手指的动作来表达的信息传递方式，它是肢体语言的重要组成部分。一个人的手势变化多种多样，表达的内容可以非常丰富，具有很强的表现力。在第二次世界大战的时候，英国首相丘吉尔曾在电视演讲的时候，对着自己的属下做出了一个"V"的手势，这就是胜利一词的英文字母开头，结果这一动作引得全国的人们欢呼。因为这手势强烈地表达了他的自信，同时这种自信也准确地传达到了英国人民的心中，可以说，这对英国人民而言，手势的意义远远胜过了语言。

2. 坐姿

另外，肢体语言还包括了一个人的坐姿、站姿和行走的动作。我们去见老板的时候，通常他是以坐姿呈现在我们面前的。这种坐姿会让我们看到他伸开腿而坐，表现得极为自信、豁达。如果他并腿而坐，那就显得庄重而有效。如果你和老板谈话的时候，他总是轻松地将自己的背部向后靠，会显得他对你不尊重，而且显得很自负。这种时候，你就要表现出恭敬的样子，以免引得他不满。如果老板经常拍拍你的肩膀，说明他想鼓励你，当然，也说明他一心想让你服从自己的指挥。

3. 站姿

每个人都有自己习惯的站立姿势，老板也不例外，我们可以通过他的站姿读出他的性格。如果你的老板站立时习惯把双手插入裤袋，那么这种老板城府较深，不轻易向人表露内心的情绪、警觉性极高，不肯轻信别人。面对这样的老板，对你而言，你的工作做到令他十分满意是不太容易的，在这样的老板手下做事，你需要尽可能把工作做得无可挑剔，计划与创意尽可能完善和完美。

如果你的老板站立时习惯把一只手插入裤袋，另一只手放在身旁：这种人性格复杂多变，反复无常，有时平易近人，推心置腹；有时则冷若冰霜，处处提防。如果你的老板是这样的人，那么不得不为你惋惜，为这样的人工作没前途，越早离开对你是越有利的。

如果你的老板站立时两手双握置于胸前：这种人踌躇满志，信心十足。这样的老板是值得你跟随的，而且他的正能量也会给你带来相当积极的影响。

4. 走路姿势

同理，走路姿势一样能折射出一个老板的性格。

走路时昂首阔步的老板：经常以我为中心、自大、目中无人，缺乏真才实干，好吹捧自己。

步伐急促的老板：优点是做人做事雷厉风行，从不拖延，而且精力充沛，敢于接受各种挑战；缺点是性格急躁，易冲动，常常犯错。

走路时，上身微倾的老板：优点是重情义，个性平和，内向谦虚含蓄，有真才实学；缺点是性格消极，自信不足，容易被他人支配，不愿自我表现。

除此之外，老板的个别肢体语言，往往是藏了玄机在里面的。

比如，我们看到老板在讲话的时候，如果他不看着你，这说明他想借助这种不屑一顾的态度来表示对你的不满，甚至表示一种对你惩罚的态度。这样的眼光，无疑会让我们感到不舒服。

当老板从上到下地看了你一眼时，说明他对你有一种很强的支配欲望，而且对你的轻视的态度自然而然地流露了出来。

如果老板认真地看着你，时不时微笑着做出让你讲话的手势，你会觉得他亲切可爱，也会觉得他待人很平和。此时，说明他同情你，对你印象不错，或者说他鼓励你继续说下去。

如果老板讲话的时候，常常挥手打断你，那说明他对你没有足够的尊重，更谈不上重视，这样我们就要小心了。

综上所述，如果能对老板的肢体语言有所了解，就会在老板眼中变得"善解人意"，像这样的下属，又有哪个老板不喜欢呢？

▶▶ │思 考│

1. 你是否有过像林悦一样的求职经历？你在面试的时候会刻意观察老板的肢体语言吗？

2. 你的老板有哪些肢体语言让你不舒服？请简单分享一下。

根据创业过程看一个老板的"事业性格"

有的老板创业初期，运用自己智慧的头脑，寻找各种办法寻找资金和合作渠道，最终集资成立自己的公司。这些老板通常极富经营头脑，他们在公司的经营上也会灵活多样，容易在市场竞争中左右逢源。跟着这样的老板，我们会学到很多书本上没有的东西。

在法国，有许多的中式餐馆是温州人开的。他们起初来到这里的时候，不懂法语，背井离乡，面临着各处各样的困境。但是他们善于学习，从一点一滴做起。曾经有一位大老板抱着一本中法词典学法语，直到把这本词典翻烂了，他终于会用一些基本的语言来进行交流了。如果跟着这样能吃苦的老板，我想我们也一定会变成能吃苦的人。这样的老板，往往比较看重一个人的品质。他们的事业性格就是百折不挠，不怕困难，勇于拼搏，这种老板创办的公司，通常具有极强的生命力。我们跟着这样的老板，完全可以闯出一片新的天地。

白手起家的老板，在创业初期吃了很多的苦，对公司所有底层的工作都有所了解。而且跟着这样的老板，你会发现，自己能学会许多极富实践意义的东西。

有的老板创业初期，运用自己智慧的头脑，寻找各种办法寻找资金，最终集资成立自己的公司。这些老板通常极富经营头脑，他们在公司的经营上也会灵活多样，容易在市场竞争中左右逢源。跟着这样的老板，我们会学到很多书本上没有的东西。

台湾著名的灯饰大王林国光最初创业的小公司是从哥哥手中接过来的，当时哥哥得了绝症，很快去世了。哥哥死后不仅欠了很多人的钱，而且公司面临倒闭的危险。林国光找到所有的债权人，把他们集中在一起。他说摆在你们面前的只有两条路：要么去法院起诉我，这样一来，公司会宣布破产，你们想要的钱还是一分钱也要不到；要么你们等着我赚了公司的钱，慢慢地还。这些债主们选择了后者。

后来，林国光开始咬着牙做生意。他对自己的下属们也说，如果你们跟着我干，我会慢慢补上拖欠你们的工钱，如果你们现在想离开，那也行，我会给你们打下欠工资的借条。当时很多人选择了留下来。在以后的日子里，林国光每天八点上班，然后一直忙到晚上两三点，整天像个陀螺一样转个不停。

就这样，他和下属们一点点地把生意做起来，终于在他41岁那年的时候，所有的债务都还清了。他很感激自己的下属，给了他们很好的待遇。这些下属一直陪着他度过了最难的时刻，所以他知道感恩。

林国光这一类型的老板，毅力非常顽强。他们会用自己的智慧，为所有的员工撑起一片天。他们会对员工的未来负责，跟着他们干，一定会有保障。

但是有的人当了老板，却喜欢摆老板的派头，比如说杨阳跟着老板创业的时候，这位小老板是靠着父母资助的一笔钱把公司开起来的。起初开公司的时候，他就开始摆起了老板的派头。今天老板领着他去高档餐厅里和客户吃饭，明天又去参加什么晚宴，美其名曰生意应酬，可实际上，他所做的事情与生意并没有多大的关系。小老板的这种创业方式，最终让父母给他的几百万块钱血本无归。公司很快倒闭了，杨阳也失了业。他非常后悔，自己当初不应该选择这样的老板。

确实，有的老板在创业初期就表现得挥霍无度，光讲享乐，不认真做事业，这样的老板，我们跟着也没有什么前途。

有的老板在创业初期意志变得很坚韧。无论遇到什么样的失败，他都有勇气说，重新再来。这样的老板，值得我们尊敬，更值得我们跟随。

张超最初跟着老板创业的时候，在北京的一个小地下室里上班，当时只有两个人、两台电脑。他们做的是网购的业务，从网上接订单，然后再去仓库拿货，此后发给收货人。这样的工作很艰苦，起初他们并没有赚到什么钱，张超工作的第一个月，只成交了两笔业务，利润只有十几块钱。但是老板把自己的积蓄拿出来，还是给张超发了工资。张超很感激他。从第二个月开始，张超向老板学习，拼命工作，两个人吃住睡都在电脑旁边，一有客户咨询立刻回应，很快，他们的生意渐渐变得红红火火，超过了同行。公司又招收了几个人，办公地点也从地下室挪到了地面上，张超的待遇也水涨船高。

后来，有人羡慕地问张超，是如何慧眼识人，跟着老板一起创造出今天这种辉煌业绩的。张超说，我看到老板在最初创业的时候，就有一股拼命的劲头。他无论遇到什么样的失败，都有勇气说重新开始。这样的老板，我有什么理由不跟着干呢？

张超的经历告诉我们，那些在创业方面具有不服输精神的老板，是值得我们追随的好老板。跟着这样的老板，我们不会在市场竞争的大风大浪中迷失方向。因为老板就是舵手，会坚定不移地领着我们奋战到底。

那些在创业初期就会用人、会找人、会安排工作的老板，也是值得我们青睐的目标。

我们楼下有一家小餐馆，只有四个人。但是老板很会用人，派一个头脑反应快、嘴巴甜的妹子招待顾客，派一个手脚勤快、干活利索的小伙子在后厨做菜，派一个头脑精明的、算账快的收钱，而他自己则负责采购原料，计算成本。人尽其才、物尽其用在他这里发挥得淋漓尽致，大家也愿意跟着他干。很快，小饭店红火起来。这样的小老板，一看就非常有头脑，跟着这种老板，自然会变得更有经济头脑。

有一句俗话说得好：千军易得，一将难求。一支军队能不能获胜，不在于他有多大的公司，手下有多少人工作，而在于这支队伍是不是有一位富于才华，有能力的领导者。一位在创业初期就显示出卓越才能的老板，更是值得我们效力的对象。

> ▶▶ **思 考**
>
> 1.你有过在创业型公司供职的经历吗？如果有，请简述该老板的"事业性格"。
>
> 2.如果你是创业型老板，你会如何显现自己的"事业性格"，为什么？

06

让好老板青睐你：

个人价值越高，越受老板提携

"忠心"是老板最爱的品质

　　对老板有没有忠心，是他们最为看重的做人品质之一。在激烈的市场竞争中，老板渴求的不只是一个具有专业知识埋头苦干的员工，最重要的是一个切实为公司着想、一心为公司的利益着想的员工。

　　下属以什么样的工作状态出现在老板面前的时候，比较受老板的器重呢？当然是"忠心"二字。一名员工在公司里追随老板固然精神可嘉，但更重要的是要让老板觉察到你的忠心。从本质上讲，所谓的忠心，实际上就是爱岗敬业，踏踏实实地履行老板安排的一切工作任务。

　　IBM的创始人沃森对"忠心"二字非常看重。他认为员工忠实于公司，对老板忠心是一种美德。同时，它也是一项基本的职业素养。在他看来，员工对老板的忠心，才是催促他们努力工作的润滑剂。对老板忠心的人，更会忠诚于自己的本职工作，而且做起事来，不会动摇，更不会为了如何偷奸取巧而苦恼；对老板忠心的人，会与老板同呼吸，共命运。无论老板指挥自己做什么，都会无怨无悔。

　　IBM从创业到现在，一直坚守着"忠心"这个信条，而且会将其渗透到企业的各个层面。每一个员工都在忠于老板、忠于公司这一思想的熏陶下，形成了一种强大的凝聚力和向心力。

　　对于每一名员工而言，对老板忠心是一种尊重上级的表现。如果你在工作中没有了服从的对象，没有了忠诚，那么无论你从事什么工作，无论是平凡也好，高贵也好，都会失去重心和努力的方向，从而让自己陷入茫然的状态中去。你会常常想，我跟着这样的老板奋斗，究竟值不值得？对老板忠心的员工，往往会对老板负起责任来，这样一来，他们必定会成为负责的员工。他们会想尽一切办法去获得让老板满意的成果。因为他们明白，自己必须对老板负责，对自己完成的工作负责，这才是一个人在工作和事业中取得成就的重要保证。

对老板忠心，表面上看是为了老板，其实是为了自己。因为忠于老板的人，会在工作中付出更多，以期得到老板的认可，这样一来，就会促使自己发奋图强，更会激励自己进步。也许我们以后会换地方，还会换工作，但是你与老板相处的这段时期，因为你的忠心，也给自己带来了助力。渐渐地，你会变得敬业，而且还会把它当成一种习惯。当我们把敬业当成一种习惯的时候，就可以全身心地投入到工作过程中去，这样才会得到快乐。既然老板给了我们工作机会，我们会在心底深处希望能做到尽善尽美，这样才能无愧于心，无愧于自己的老板。同时，工作也会给予我们意想不到的回报。

那些对老板不忠心的人，不会把老板的安排放在心上。他们总觉得自己就是给老板打工的，当一天和尚，就撞一天钟。说不定哪天，就会跳槽到别的企业上班。这样的人，很难干好自己的工作。

有一次，王洋的老板安排他去买书。当时，老板把书名写在纸上交给了他。王洋拿着这张纸条，跑了三家书店，都没有买到这本书。他看了一下手表，已经到了下班的时候，于是他私自就回家了。

第二天，老板问他书买到没有，王洋夸张地说自己是多么辛苦多么累，跑了很多的地方，但还是没有买到书。老板没有说什么，第二天安排另外一位员工去买书。

结果这位员工第二天就把买到的书放在了老板的面前。当时，大家都很吃惊。老板也很好奇他是怎么买到的。这位员工说自己那一天跑了十几家书店，最后终于在一家小书店里找到了老板想要的书。当时已经是晚上八点多了，店老板都准备关门歇业了。

为什么王洋没有买到书，而这位员工能买到书呢？归根结底就是一个忠心的问题。忠心的员工，会把老板安排好的事情放在第一位，即便这件事情不好办到，员工也会设身处地地想，如果我是老板，会怎么样，他们把老板的需要当成自己的需要，他们把老板的事情当成了自己的事情去办，这样的心态，才称得上是忠诚。有一颗忠诚的心，才会更好地为老板效力。

我常听有的人说，自己的工资多年不涨，老板对自己不好等。那么你有没有想过，你对老板是不是忠心呢？在职场中，我们必须要明白一个基本的等式，你对老板忠心耿耿，老板才会想到如何来增加你的福利与待遇。

杨光曾经在一家公司当会计。有一次，他在计算账目的时候，有一位同事悄悄和他商量，能不能先挪用一笔钱给自己交房租。听了同事的这个主意，杨光马上就拒绝了。对他而言，做一个老板信任的下属，是他工作过程中最为重要的事情。他觉得只有对老板忠心耿耿，才能换来老板的信任。也正是因为如此，他才获得了破格提升，很快从一名会计做到了财务主管的位置。如果他工作不负责，对老板不忠心的话，则很难获得这么好的升迁机会。

很多老板在招聘员工的时候，往往把能力排在第一位，把忠诚度排在第二位，而学历则排在第三位。中百仓储总经理程军则把对员工忠诚度的要求放在第一位。在他看来，超市业属于劳动密集型产业，对学历要求不是很高，企业最看重的是员工的忠诚度，其次是工作能力。忠心耿耿是一种可贵的品德，而能力要靠脚踏实地干出来。通常来讲，一家超市培养一名主管需要两年，培养一名店长需要五年。如果员工缺乏忠诚度，那么不会在公司待很长时间就会想着要跳槽。而有的员工则不愿意从基层做起，想一步登天，或者一心想多拿钱，少办事。通常来讲，这样的人，企业不会花力气去培养。反之，企业则一定会给他提供施展能力、实现抱负的舞台。

对老板有没有忠心，是他们最为看重的作人品质之一。在激烈的市场竞争中，老板渴求的不只是一个具有专业知识埋头苦干的员工，最重要的是一个切实为公司着想、一心为公司的利益着想的员工。只有这样，才更有可能获得老板的赏识与提拔。

▶▶ **思 考**

1. 你对自己的老板忠诚吗？请讲一两个真实的故事。

2. 如果你是老板，应该如何理解员工对企业和领导的忠诚？

好员工从不"挑食"

　　无论是刚毕业的大学生，还是企业里的普通员工，往往会认为自己无所不能，雄心勃勃。因此，他们都想找一些重要和关键的工作来做。只不过，喜欢挑拣工作的员工，往往会在现实面前被碰得头破血流。此外，对工作挑挑拣拣，很容易得罪老板，让老板对你产生非常不好的印象。

　　在工作中脱颖而出，成为公司的管理阶层是每个员工的心愿。员工对成功有追求的欲望当然是好的，但是必须把心态调整好。不要以为自己无所不能，总是幻想自己在企业中要做大事要事，从而对工作产生一种挑挑拣拣的想法。

　　于祥是重点大学中文系毕业的，他一直认为自己的文笔好，是大学里公认的优秀作家。而且，他也觉得自己在文字方面已经达到了无所不能的地步。

　　刚毕业不久，他就顺利找到了一份工作，给一位老板当秘书。上班几天后，老板让他写一份发言稿。当时，老板告诉他写发言稿的时候，要按先前旧的格式来写。当时，于祥觉得这么一份普通的工作，根本不值得自己花费心思来写。他对这份安排根本不放在心上。于是随随便便写了一份就交上去了。

　　当时，同事劝他认真点，他却得意地说，这种事情来让自己做，那真是杀鸡焉用宰牛刀，写完稿子之后，他很快将稿子交了上去。他以为凭自己的本事，一定会得到老板表扬的。结果老板在开会的时候，像往常一样，拿起他写的东西就念了起来，结果由于他写得东西前后不通顺，以至于老板念起来磕磕绊绊的，非常不顺畅。会后，老板对他大发雷霆。

　　大多数普通的员工在学校里学好了书本上的知识，或者是在学校当过班干部，受过老师的表扬，就以为自己无所不能了，而且在接手工作的时候，一定要挑那些自己认为重要的工作来写。这种人，就好像把自己当成了一棵树，总觉得别人只能是为自己提供生长的肥料，而自己才是中心。

实际上，一踏进企业的大门，那些根本没有实战工作经验人，本身的能力并没有自己想象的那么无所不能，弱小得就像是豆芽菜。这种人，需要多做一些琐碎的工作来磨平自己身上的棱角，让自己拥有一种踏实的心态。现实生活中，我们的工作就是由一些琐碎的小事构成的。哪怕是重要的工作，也有相当一部分琐碎的事情需要我们去做。

老板安排李强去接待一位外地客户，老板再三强调，客户是外地人，第一次来公司，对公司的地理位置不熟悉，提醒他帮客户做好准备，比如说提前打个电话沟通一下。

可是李强觉得这是一件小事，不值得自己亲自去办，于是他根本没有按老板说的去做。接待工作的不周到造成的直接后果就是，客户开着车在路上转了半天也没有找到公司，最后不得已打电话给老板，老板又安排了另外一位同事去接待了客户。这次接待工作不周让客户很恼火，原本洽谈好的项目差点因此告吹。结果可想而知，李强被老板狠狠地批评了一顿。

如果工作的时候挑挑拣拣，员工渐渐就会缺少埋头苦干的精神，更无法养成专注的执行和落实的工作习惯。有的事情在我们该做的时候没有去做，在要发挥作用的时候没有发挥自己的作用，又怎么能说明你的能干呢？一个人对自己的工作挑挑拣拣，显然做人的问题上是有态度问题的。这样的人，老板又怎么能放心把重要的工作交给你来做呢？在老板眼中，什么样的人是好员工，他肯定有自己的一套标准。但是在职场上，你有没有业绩是一方面，是否具备基本的做人态度是另外一方面。

霍建宁是李嘉诚手下的"大红人"。霍建宁最初进入公司时管理的是长江实业的一家分公司。当时，这家分公司连年亏损，一班人很难扭转局面，但是霍建宁却主动请缨，而且就职之后任劳任怨，亲自到公司的第一线了解情况，最终确定了一套切实可行的方案，帮助公司走上了正轨，获得了老板的赏识与欢心。

后来，霍建宁的年薪不断地提升，甚至达到了1亿港元的年薪，这在整个香港，他的工资位居十大打工皇帝之首。而且，霍建宁一度成为《福布斯》评选的非美国企业全球最高薪行政总裁第一人。霍建宁为什么会成为李嘉诚的红人，而且还挣到那么高的薪水，与他为企业做的贡献是分不开的。可如果当初他选择职位的时候挑挑拣拣，恐怕也很难会获得李嘉诚的赏识与重用。

一个人的才学，是需要事实来证明的。在职场上，如果我们为自己不能升职而耿耿于怀，是没有必要的。与其抱怨老板不给自己升职的机会，还不如好好地想想，自己能为公司创造出什么，面对自己手上的工作不要挑挑拣拣，更不要用自己优越的心态来对待同事。无论是你职场的新人，还是老手，要想让老板刮目相看，就必须先把老板交给你的工作做好，做出色。

▶▶ │思 考│

1. 如果你是老板，会如何面对那些挑挑拣拣的员工？

2. 霍建宁的故事给你带来了哪些启示？

主动请缨，让麻烦工作成为你的"升职机"

作为一名优秀的员工，在面对麻烦工作的时候，要勤于思考，善于总结，然后摸索出一整套提高工作效率的方法。如此一来，老板自然会心生欢喜，升职加薪指日可待。

曾有这样一则消息：有一位 90 后的女孩子找工作，竟然带着母亲一起去参加面试。面试过程结束之后，女孩子的妈妈竟然当着公司职员的面，追问自己的女儿，他们给你安排的工作是否麻烦？要是太麻烦的活，咱可不干。听了这话，真让人哭笑不得。

在这个世界上，还真没有"不麻烦的活"。医生要不厌其烦地问病人服药后感觉怎么样？睡觉怎么样？吃饭怎么样？甚至大小便的情况，也要一一问清楚；警察破案子，要不断地去案发现场调查取证，问嫌疑犯的行踪，关于对方做过哪些细微的小动作，也要一遍又一遍问得清清楚楚；厨师会一样一样地将原材料放入锅中烹调，中间要掌握饭菜的火候与滋味；画家要用几十种颜色调制出一种自己想要的颜色……试想一下，凡此种种，是不是都是麻烦工作？

如果你怕麻烦，是不是什么也不用做了？当然，可能你会说，即便我选择了其中的一种职业，我能不能尽量少跟那些麻烦事儿打交道？有这种想法当然是出于趋利避害的考虑，可是你是否想过，如果你真的躲开了麻烦，也就躲开了成功的机会。

美国人乔·吉拉德最开始求职的时候，在底特律的汽车城找到了一份工作。当时，他已经 35 岁了，相比那些 20 几岁的年轻人，他的优势似乎并不明显。在当时，他连开车也不会，竟然要去卖汽车，家人都为他捏了一把汗。

这个 9 岁便开始闯荡社会的底层青年，开始了自己的工作之旅。在 20 名同事中，他的年龄是最大的，他甚至在得到这份工作的时候，连汽车的各种性能都搞不清楚。另外，他还患有严重的气喘病，甚至还是一个口吃患者。在上班的第一周，有一位老年顾客前来买车。因为这位老年人的耳朵有点儿毛病，听人说话的时候，对方必须声音很大他才能听得到，卖车的人需要一遍又一遍大声重复自己讲话的内容，这的确是一个考验。同事们嫌麻烦，一个接一个都绕开了这位老年顾客，大家甚至想，看他这种打扮，都不像是买得起车的人。

吉拉德没有在意这些，他兴高采烈地迎了上去，为这位老年顾客细致周到地服务。他不厌其烦，一遍又一遍地向老人讲述各种车的特点和性能。实际上，这些特点和性能也是他刚刚从自己手中的产品说明书中现学来的。这位老年人对他的服务非常满意，一下子竟然买了店里一辆最贵的汽车。

原来，老人想买一辆车送给自己刚刚大学毕业的孙子当礼物。就这样，吉拉德成功得到了自己的第一笔佣金。显然，如果他像其他同事一样怕麻烦，这笔生意断然是不会成交的。此事很快被老板知道，从而对他留下了良好的印象。

接下来，他的表现更是让老板刮目相看。吉拉德没有相对稳定的顾客源，他就将自己的名片送到球赛场公用电话亭和餐厅，甚至他去医院看病的时候，都不忘向自己身边的人介绍自己的职业，推销汽车。凭着不怕麻烦和吃苦的精神，他一点点地拓展客户。他坚持不间断地电话追踪，为客户邮递问候卡片，在短短的三年时间里，吉拉德便拥有了丰富的客户资源。第三年的时候他卖出了343辆车，第四年实现了翻番，从此业绩一路高歌猛进，很快获得了升职的待遇。

也许你不可能相信，他竟然连续12年成为了美国通用汽车零售销售员第一名。15年的时间内，他共销售出13000多辆汽车，创造了一个伟大的奇迹。他凭借这一殊荣，竟然与亨利·福特等人一道跻身"汽车名人堂"，还受邀到多家世界500强企业讲课，其关于销售的著作全球畅销。

试想一下，这样杰出的员工，有哪个老板不喜欢呢？一位不怕接麻烦工作的员工，在老板的眼中，就意味着有耐心有毅力，它可以让老板在最短的时间内，对你做出良好的评价。在上述故事中，吉拉德不怕麻烦，耐心地接待老年顾客，让老板对他刮目相看，从而获得了良好的升职机会。同样的道理，尽管我们从事的可能不是汽车销售行业，但是不怕接麻烦工作，肯定会为自己的形象加分。相信每一位老板潜意识里都会把对员工的满意度作为首要提拔员工的条件。如果你能在老板的心中留下良好的印象，你的职位自然能得到迅速提升。

优秀的员工在面对麻烦工作的时候，勤于思考，善于总结，然后摸索出一整套提高工作效率的方法。此外，还要集中精力，按时完成工作任务。不怕麻烦只是态度的问题，我们还要拿出业绩来给老板看。试想一下，如果麻烦工作交到你的手上，你只是勉强完成，没有骄人的业绩，老板就是想提拔你，也是有心无力。

> ## ▶▶▶ |思 考|
>
> 1. 你会主动请缨去做那些辛苦的、麻烦的工作吗？
>
> 2. 面对麻烦的工作时，你有什么应对方法吗？请简要分析一下。

做好时间管理，今日事绝不明日毕

正如马云所说："管理时间是艺术与实践的完美结合，它的核心是必须用最合理的时间来完成最合理的项目，达到最有效率的管理目的。"今天的事情不要等到明天做，凡事都留到明天处理的习惯就是拖延，这种习惯不仅会阻碍个人进步，还会加重第二天的工作压力，甚至还因此影响整个团队的工作进程。

我们小时候，大多听家长或者老师提起过《今日歌》。相信大家对里面的句子记忆犹新。今日事今日毕是我们每个人从小就应该养成的好习惯。今日的事情，不要等到明天的时候再做。按时完成工作任务，不仅是态度的问题，还关系到你在老板心目中的形象和地位。

刘开毕业于一所重点医学院。大学毕业之后，他和自己的一位同学同时被一家大型医院录取，成为一名见习医生。在上班之后不久，他们两个跟着一位著名的心外科专家实习。当时有一位患者得了很严重的心脏病，病情非常危急，送过来的时候已经是晚上了。专家亲自给这位患者做了手术，手术非常成功。当专家带着这两位见习医生走下手术台的时候，已经是晚上十二点多了。

当时，刘开和同学被要求每天写见习报告。见习手术的当天回到宿舍的时候已经是深夜1点钟了。这种情况，如果接着写的话，估计晚上是睡不好了。于是，刘开的同学决定明天再写。

而刘开却认为当天的事情最好当天完成。如果明天再写，也许明天还会有别的事情要办理。于是，刘开熬夜写出了见习报告，并且在第二天一大早交到了专家的办公桌上。当专家得知这是他熬夜三个小时写出来的东西时，非常感动。他当时就夸刘开"孺子可教也"。后来，等他的见习期一结束，专家亲自向院里点名要人，将刘开留在自己的身边作助理医生。

　　在上述故事中，刘开负责任的工作态度给上司留下了深刻的印象，这也是他日后能获得领导赏识的重要原因之一。在微博上，有许多刚刚工作的大学生，在逐步成熟的过程中，承担着越来越多的工作和责任，他们会常常怀着一种无奈的心情在网上发表感言。比如说，有的人发微博感叹，我每天的工作特别多，天天加班，烦死了！还有的人会在微博上留言说，我现在的工作量太大了，我总是不能在下班之前完成；甚至有的人感叹，自己总是比不过同事干活快，同样的工作，当别人完成的时候，他自己还只做了很少的一部分……上述的种种抱怨，大多说明了一个问题，那就是工作效率低，办事拖拉。这样的话，即便你今天的工作老板没有安排加班，相信你也很难完成规定的工作量。长此以往，后果不堪设想，搞不好会被老板炒鱿鱼。

　　曾丽在销售部上班的时候，老板安排她在周二至周四这几天内务必抽时间去见一位客户。当时，曾丽总是觉得，今天够忙的，等明天再说吧！可是到了第二天，她又会想，今天还是算了吧！就这样一拖再拖，结果拖到了周五都没有去见客户——她竟然把这件事情给忘记了。结果可想而知，老板大发雷霆，扣掉了她很多钱。曾丽后悔不已。她对老板说，我也不是不去，主要是每天的工作都做不完，实在没有时间……结果老板一口反驳她，这主要是因为你自己不善于管理时间，不要再找借口了。曾丽低头不语。

　　曾丽的经历带有普遍性。很多的时候，我们心里想的都是，这件事情可以留到明天再去做，今天就算了吧。就这样一推再推，最后推到不得不去做的时候，才发现自己已经错失了时机。今日事今日毕是一种做事的态度，同时也是职场上的一种修养。那些不善于管理时间的人，往往做不到今日事今日毕。

　　在现实生活中，今天的新鲜蔬菜也许会在第二天失去水分变得干巴巴的，只因为你今天买了它，没有及时做成菜；如果你买的是今天的电影票，就要及时去看，倘若明天再看，这张电影票就会作废……在生活中是这样，在职场上更是如此。拖拖拉拉早晚会让自己贻误许多良机，而且还有可能因此而失去了老板的信任。因此，我们不妨养成今日事今日毕的习惯。

　　要想做到今日事今日毕，那么首先就要管理好自己的时间。当下是时间就是金钱、速度就是效益的年代，我们只有做好时间管理，能够得到的回报才会越加诱人。无论你的智商高低、情商如何，学会更好地管理时间，提前或准时完成工作，就有可能得到更好的发展机会。

说到管理好时间，具体就是要把老板安排的事情做好。事情是永远做不完的。但是我们可以分个主次缓急。

首先，老板交待的十万火急的事情，我们当然要放在第一位进行处理。如果老板没有安排特别急的事情让我们去做的话，我们可以自行进行安排。列出一个详细的计划和时间安排表，按上面的步骤一步一步地完成你想要做的事情，你会发现，自己的时间其实很充裕没有想象中那么紧张。

其次，我们不要同时开展过多的工作，要重点有步骤地去做，否则零零散散没有重点。结果最后事情倒是完成了一些，而那些最重要的事情却被忽略了，要不搞到最后不分主次。

再者，我们在养成今日事今日毕的过程中，要不断总结经验。我们不可能每天都做到今日事今日毕，如果哪天我们没有做到，就要好好反思一下，自己究竟为何拖延了，搞清楚中间原因，汲取经验教训，下次再改进。如果你称自己为"拖延者"，那么这个词就成为一项个性标签。

据行为专家分析研究，没有哪一个人生来就会在生活的各方各面都拖拉。我们的拖延都发生在某些孤立的生活领域里，在那些领域，我们感到痛苦，所以用拖延来抗争来控制局面，比如说在工作的时候，把今天的事情拖到明天去做，就是如此。

最后，不要为自己没有完成今天的事情找借口。因为老板不会认可你的理由与借口，他们只看重结果。

在职场上，为了消除痛苦的感受，人们常常会编造各种各样的借口，这就是拖延症的一种表现形式。当我们编造了借口为自己解脱的时候，下次很容易还会再犯同样的错误。所以，我们一定不要为自己找借口，而是要学着将时间掌控在自己的手中，让自己的每一天都完美谢幕。

▶▶▶ |思 考|

　　1. 你有"今日事明日做"的坏习惯吗？如果有，你该如何克服？

　　2. 如果你是老板，你会如何看待那些具有拖延属性的员工？

表彰总在"牺牲"后

> 勇于付出的态度，是我们能做成事的微妙条件。在老板眼中，那些懂得牺牲和付出的员工，才是对他们忠心耿耿的下属。

张玲最开始到公司上班的时候，听同事们说老板平时十分爱教训人，同事们都非常忌惮他。听到这些之后，张玲觉得老板真的是很可怕，她一心祈祷自己不要"撞"到老板手上。可是很快，老板竟然安排了一项工作，需要她在老板的领导下直接完成。

老板让张玲做一份韩式的装修设计策划案，因为公司之前没有开展过这种风格的装修，所以为了慎重起见，老板想亲自带着她一起做。当时，老板提了很多的建议，让张玲按照他的建议一一去完成。但很快张玲发现，老板提出的某些建议是不适合执行的，但她并没有直接顶撞老板，而是在执行的过程中，做了一些细微的改动，使策划案更加易于完成。由于张玲肯付出，牺牲了自己大量的业余时间来做这项工作，因此她的进程非常快。

没过几天，她就将自己做好的策划交了上去。但是随后不久，老板便将她叫到了办公室，质问她为什么没按当初商定的办法执行。张玲壮着胆子，有理有据地说出了自己的想法，她本以为自己一定会被老板教训的，可是没有想到，老板并没有训她，而是认真听取了她的意见。

在此后的几次接触中，她渐渐地发现，老板的脾气虽然不好，但是他并不是一个不讲理的人。很多时候，只要你说的话在理，他还是会听取你的意见。在后来的工作中，老板对张玲的表扬渐渐地多了起来，每次她出色地完成工作之后，老板都会认真地提出表扬，甚至在会议上公开表扬。

不要觉得老板有多可怕，其实他们也很容易被你征服。只要你勇于付出牺牲，努力经营好双方的关系，就能让老板真心实意地夸奖你。

如果想得到老板的表扬，也是有一定小技巧的。

1. 在为老板效力的时候，尽量要让他得到一些实际的利益

老板都喜欢为自己创造效益的员工，如果一名员工不懂得牺牲，舍不得为公司做出贡献，只能遭到老板的白眼，不可能得到什么表彰。

有一位刚毕业参加工作的员工，听老板说要做一个关于运动鞋的案例，他立刻跑去查资料，了解各种运动鞋的特点、历史、材质、设计等，最后在会议上做了精彩发言，提出了自己独特的想法。当时他的准备之认真、呈现之严密，让所有人都震惊了。这一刻，他俨然就是运动鞋的深度产品小专家，原来他已经默默做足了功课。如果没有花费大量的心血准备，显然是做不到这一点的。

当时，老板充满敬仰地用45度角仰望着他。哇！佩服啊！这种感觉，可是他牺牲了无数心血才换来的老板的尊重。后来的结果自然不用说，他自然也成为创意部门有独特定位的美术设计人员。不用说，在年底的绩效评估中，报上来的加薪人员名单上，老板在这位员工的名字上重重地加了个勾。

2. 如果老板提出了行动方案，作为下属，一定要不遗全力地配合

一项工作的开展，需要推动力，也需要配合。老板的要求是外力，而配合老板则需要我们发动内力来解决问题。由工作推动职业，由职业推动事业。职场中讲求按本色做人，按角色做事，按特色定位。只有内外互动，双擎融合，才能驱动我们在只有起点没有终点的职业旅程上，不惧颠簸一路向前，而我们的付出也终将会有所收获。

3. 懂得放弃与取舍

当我们面对抉择的时候，要懂得取舍。比如说，老板安排你到外地做分区的销售主管，而你却想着要放弃当地的人脉，而觉得不甘心，此时就要有牺牲的勇气。为了获得老板的认可与赏识，不妨勇敢地做出抉择。按照老板的意思安排自己的工作，也许目前你牺牲的只是一小部分，但是从长远来看，你却获得了老板的肯定，早些获得老板的认可，才有可能让自己在这个领域有根（专业）、有脉（资源），你才有机会长成大树。否则，未来你会发现自己长成了一团灌木，最终也就只能卖点柴火钱罢了。

4. 在为老板付出牺牲之前，首先要学会打消自负

著名的电影明星李连杰曾经说过这样的事情，他说自己最开始踏入这一行业的时候，不是"装孙子"而是"真孙子"。在职场奋斗旅程开始之前，心性与态度是第一修炼要务。要想成长，或者期望在职场上有所建树就要学会低调的成长。有一句话叫作："人至低，则无敌。"你如果把自己的付出放在较低的位置上，老板就会把你放在心上。一个听从命令、服从指挥的人，才是老板最中意的下属。

勇于付出的态度，是我们能做成事的微妙条件。在老板眼中，那些懂得牺牲和付出的员工，才是对他们忠心耿耿的下属。别人不会无缘无故地给你脸上贴金，老板也不会无缘无故地就表扬你。有机会付出的人，才有机会收获。

▶▶ **| 思 考 |**

1. 张玲的故事给了你哪些启示？

2. 在工作中，你是勇于付出的人吗？请举例说明。

精益求精，追求每一次的"圆满"

在工作的过程中，你要努力打磨自己的意志、品质、个性。这个过程需要通过一次又一次追求圆满来体现。

曾在电视上看到过这样的一则新闻：宾夕法尼亚的奥斯汀镇被全部淹没，造成了无数人死于非命。原因说起来非常简单，因为人们在筑堤工程质量上没有达到完美的程度，而是因陋就简，甚至取消了多处设计中的筑石基，因此造成了堤岸溃决。这种因疏忽而引起的悲剧每天都在发生着，一个人如果犯粗心、懒惰的错误，就会得过且过，放松对自己的要求，这样的人，只会敷衍老板的工作，而不会付出认真的态度。

工作属于生活，对工作敷衍了事不但会使工作效能低下，还有可能会让人丧失原来的才干。因此，粗劣的工作会摧残梦想、放纵生活、阻挡前进，最大的伤害是让你失去老板的信任。

李洪是一名化验员，他曾经在一家知名的实验室里工作。当时，每个化验员每天都要检验六个批次，还要出六张化验单，虽然李洪工作很长时间了，但是化验单的数据却经常出现误差，有的时候甚至化验出错误的结果。每当这种时候，上司就让他把化验重新做一遍。

有一次，实验室送来了一批纤维素的检验样品，他在写化验结果的时候，弄错了一个数据，结果把一个化验结果合格的产品，硬是写成了不合格，导致整个批号的大量化工产品降级销售。这样一来，给公司造成了几十万元的损失。这件事情传到了老板的耳中，老板非常生气，点名换人。当李洪离开化验室的时候，还满不在乎地说，其实我只不过是把数据弄得差了那么一点点。

可就是差了这么一点点，却给老板造成了重大的损失。这样的员工，想必没有哪个老板会喜欢。

上述事例中，李洪的性格和态度毁掉了自己的职业生涯。无论我们从事的是哪一行业，追求完美都是必须要做到的基本要求。走向成功的唯一途径就是凡事不达目的不罢休，力争完美。如果我们做事总是半途而废，或是"还算可以"即止，那么我们永远与成功无缘。

这就好像是拍电视剧的时候，如果演员随便一演，导演就喊"过"。那一部电视剧拍下来，估计观众等不到看完就会把电视机砸掉。追求完美的导演会一遍又一遍地在镜头前寻找演员的最佳状态；作为一名医生，如果在做手术的时候，不追求完美，那么有可能会在手术中造成患者死亡或者重伤；如果一名画家不追求完美，那他笔下画出来的只能是一幅草图。一项工作，在追求完美的过程中，才会圆满，而这正是老板最希望看到的。

追求圆满，首先就要放弃轻率与疏忽。有人说过："轻率与疏忽是旗鼓相当的瘟神。"许多青年男女就失败在草率了事这一点上。他们在自己的工作上从不追求圆满，得过且过，他们常自问："干这种索然无味的工作，我何时才能出人头地呢？"有的时候，他们甚至会做到一半就中途放弃。很多年轻人眼高手低，屡屡跳槽，这样的人，是很难把工作做到圆满的。老板最讨厌的也是这种人，在他们眼中，这种员工绝对不会成为加薪的对象。

其次，追求每一次圆满，就要从最平凡的岗位上做起，不惧每一次锻炼。圆满实际上是给一项工作画上最恰当的句号。不管你的月薪有多少，你都可以让自己手上的工作变得圆满起来。其实，伟大的机会就潜藏在平凡的职业和卑微的岗位上。不要轻视这些岗位，不要觉得这些岗位没有必要。很多世界闻名的企业经营者都是从最平凡的岗位上干起来的。只要在自己的岗位上做得更完美、更神速、更精确，调动自身全部精力，变腐朽为神奇，你就能引人注目，最终完全施展自己的才华，实现自己的理想。试想一下，当你完成了一件工作后，把它做得漂亮圆满，是不是自己心中也充满了自豪感呢？

最后，在追求圆满的过程中，要注意每一个小细节都要做好。举例来讲，现代的一些写作者一直惊叹南派三叔的巨大声誉从何而来，大家都在议论他为什么能获得出版商的厚爱，那么多人排着队想要他的稿子。可是你也许并没有想到，为了达到写作上的圆满，他付出了多少心血。甚至为了小说中的一个情节，反复诵读推演，以至于家人都误以为他的精神上出了什么问题。如果他像普通的写手那样，一个晚上码三万字，估计也就不会有今天的成就了。

同理，我们和老板之间的合作也是这样。当我们把每一项工作做得圆满了，自然会获得老板的青睐。职场对人才的要求越来越高，只有那些将自己打造成综合素质过硬的人，才能成功挑战高管、高薪，才有资格对老板提各种要求。法国启蒙思想家爱尔维修说过："一个人不是生下来就是他现在这样的，而是逐渐地成为他现在这样的。"不管你的抱负、你的梦想是什么，在工作的过程中，你都要努力打磨自己的意志、品质、个性，这种过程就需要通过一次又一次追求圆满来体现。

▶▶ |思 考|

1. 你身边有很用心工作和很不用心工作的同事吗？请谈谈两者职业发展的明显区别。

2. 你身边有对工作精益求精的人吗？请分享一两个真实的故事。

绝不找借口，做有担当的员工

> 很多工作并没有我们想象中那么难，老板之所以安排你去做，当然心中也是对这项工作的难易程度有所了解的。如果你处处找借口，显然是在否定老板的安排。而处处找借口，同样也是没有担当的表现。

在职场上，常常听有人这样对老板说："对不起，工作太难做了！困难太多了！我根本就没有能力完成；就因为客户临时变卦，所以合同没有签成；就因为别的部门没有好好配合，所以我这次工作才没有完成；就因为我的下属不听话，所以导致整个计划泡汤……"听起来，似乎全世界的人只有你一个是最委屈的。

实质上，这是你自己在老板面前找借口，借此来逃避你自己的责任。日常工作并没有人们想象中那么难，老板之所以安排你去做，当然心中也是对这项工作的难易程度有所了解的。如果你处处找借口，显然是在否定老板的安排。而处处找借口，同样也是没有担当的表现。

美国西点军校举世闻名，从这里走出了无数杰出的将领。西点军校是美国入学难度最大的院校。那些有资格被录取的人，必须是高中成绩名列前茅，具有一定组织领导才能，报考前得到美国总统、议员、州长、市长或部队主管推荐的人。

在这里，有一个广为传诵的悠久传统，就是遇到军官或者高年级学员问话，只有四种回答："报告长官，是！""报告长官，不是！""报告长官，不知道！""报告长官，没有任何借口！"除此之外，不能多说一个字。其中，没有借口是使用频率最高的一个回答。

著名的将军巴顿提出，如果我要指一个借口，那么沿途会有好几个借口在等着我。可想而知，不断找借口只会让事情变得越来越糟糕。他曾经在自己的书《我所知道的战争》中提到一个细节。

有一次，他对自己的下属们说："伙计们，我要在仓库后面挖一条战壕，8英尺长，3英尺宽，6英寸深。"说完这句话，他就离开了。当时，他来到了仓库的里面，站在后窗户底下偷听这些人的谈话。他还通过窗户悄悄地观察他们。他看到下属们把锹和镐都放到仓库后面的地上。他们休息几分钟后开始议论上司为什么要他们挖这么浅的战壕。有的说6英寸还不够当火炮掩体。有人争论说，这样的战壕太热或太冷。当官的则抱怨他们不该干挖战壕这么普通的体力劳动。最后，有一个士兵对别人下命令："让我们把战壕挖好后离开这里吧，那个老家伙想用战壕干什么都没关系。"时隔不久，这个士兵得到了提拔，原因很简单，巴顿将军喜欢挑选不找任何借口完成任务的人加以重用。

可能有人看到上述事例之后，会觉得"没有任何借口"看起来很绝对、很不公平，但是人生并不是永远公平的，每一位老板远非完美无缺。老板希望自己的下属能依照命令行事，而不是处处找借口。否则的话，偌大一个公司，老板还怎么管理下属们呢？

此外，不找借口还有一个原因：无论遭遇什么样的环境，我们都必须学会对自己的一切行为负责！员工在公司里干的每一项工作都是重要的。有的任务在当前看起来只是一项小任务，但是日后肩负起自己或者整个公司存亡的时候，如果还用这种态度，估计只会让老板的公司倒闭。

有一位哲人曾经讲过：失败者永远都在寻找借口，成功者永远都在寻找途径。西点军校告诉自己的学员：方法总比困难多。"没有办法"永远是弱者的借口，再糟糕的处境，也阻挡不了一个有着强烈的决心突破困境的强者。在职场上，更是如此。

吴桐在一家营销策划公司上班。一天，一位客户找到他，说是自己的公司想做一个小规模的市场调查，希望吴桐把业务接下来，去运作，最后的市场调查报告由吴桐把关。

这的确是一笔很小的业务，没什么大的问题。市场调查报告出来后，吴桐也很明显地看出了其中的水分，但他只是找了两个人去做，并随便做了些文字加工，就把它交给了客户，这件事情很快就过去了。

几天后，老板领着这位客户找到他，质问他为什么马虎地对待自己的朋友。原来，这位小客户是老板非常要好的一个铁哥们儿，而且这项调查对这位客户而言也至关重要。现在，吴桐草草打发了这件事情，显然引起了客户的不满，这才投诉到老板这边。吴桐当时找借口说，对不起，我不知道他就是你的朋友；这事就怪我派出去的那两位调查人员办事不力，他们弄虚作假地骗了我；这件事还因为当时的经费紧张，所以没有完成全部的调查内容……

吴桐当着老板的面找了一大堆的借口，老板越听越不耐烦，当着朋友的面更是下不了台，一气之下，老板决定开除吴桐。在他看来，如果不是他当时不负责任，就不会出现今天这种得罪朋友的事情。现在出了事情，还处处找借口，分明就是不服从管教。

吴桐的事例告诉我们，找借口只会让老板认为你没有担当，他反而会更加生气。

找借口不能解决任何问题，只能说明我们在推卸责任。把工作做好，一方面离不开个人的能力，也取决于个人的认真程度。任何工作都离不开认真的态度，认真能够提高你的工作绩效。只要认真去做，没有"迈不过去的火焰山"。没有做不好的工作，只有不认真的人。

找借口就是把自己的注意力集中到了别人的身上，似乎所有的过错都是别人犯的，唯有你是百分百正确的。这可能吗？当然不可能。这种找借口的行为，会引起老板的反感。所以，我们谨记做事不能找借口，要用认真的态度做好工作，提高你的工作绩效，才能迈向成功的彼岸。

▶▶ | 思 考 |

1. 吴桐的故事给你带来哪些启示？

2. 你是喜欢遇事找借口的员工吗？如果不是，请分享一两个真实的故事。

工作做出色，要求"加薪"口好开

在职场中，除非你工作非常出色，否则领导不会主动褒奖你。出色的表现来源于做好自己的本职工作，充分在老板面前施展自己的才干，这就相当于给自己职位的提升准备了一把金钥匙。

在职场上，我们都想增加自己的收入，提升自己的职位，但是如果直白地和老板谈钱的事情，结果会怎么样呢？如果你在工资问题上和老板斤斤计较，结果又会怎么样呢？

秦峰在单位是一个司机，每个月老板给他3000元的工资。由于他是老板的贴身司机，所以和老板的关系很近。有一次，当他拿到工资之后，向老板抱怨自己的工资太低。老板听了只是笑笑，没有说话。没过几天，老板要出门去趟外地，当老板要求他驱车前往的时候，秦峰为难地说，这一路要开十几个小时，太累了，我不想去，要不咱们买火车票去吧。老板听了，非常生气，批评他干活的时候，总是逃避，而发工资的时候，却总嫌钱少。事后不久，老板便换掉了司机。

秦峰的做法显然并不明智。和老板打交道，对方当然喜欢那些愿意付出的人。如果我们的老板给2000元的薪资，我们就只干2000元的活，老板一定会认为我们的态度有问题。试想一下，如果只干2000元钱的价值，又怎么有理由要求老板加薪呢？要想得到老板赏识，必须先主动做出超过老板给出薪资的工作，甚至更多有价值的工作，这样，你才有理由要求加薪和得到赏识。

马学宾最初进公司的时候，只是一个小小的经理助理。当时，他的工作内容只不过是处理一些文件，为老板做一些辅助性的工作。有一次，老板带领自己的团队找客户谈判。当时，团队里有一位文案在来的路上突然出了意外，不能参加谈判了。马学宾立刻自告奋勇地顶了上去。由于他事先经过周密的准备，再加上他本身对这部分的工作比较熟悉，所以在谈判的时候表现得非常出色。最终，他的出色表现受到了老板的夸奖，老板给他加了薪。

试想一下，如果当时在最紧要的关头，马学宾不是抢先为老板分忧，主动提出多干活，而是先和老板讲条件，我代替他出席会议你给我多少钱或者日后提拔这类的话，估计老板早就火冒三丈，另找别人去了。这么好的机会当然也就白白错过了。

干活的时候争先恐后，表现的是一种积极的态度，拿钱的时候"轻描淡写"则充分说明你具有吃苦在前、享受在后的美好品质。试问哪位老板不喜欢这样的员工呢？

在激烈的职场竞争中，如果我们能做到吃苦在先、享受在后，往往就能事半功倍，收获到意想不到的成功。说到底，这事关一个人如何表现的问题。

那些善于表现的人，往往会在工作面前表现得非常积极。当老板安排任务的时候，他们会冲在第一位，这些人会让自己的智慧得到有效发挥，充分在老板面前施展自己的才干，这就相当于给自己职位的提升奉献了一把金钥匙。

也有的人害怕自己吃亏，唯恐自己多干了活之后，白白地浪费心血和汗水。但是，这些人却没有想过，如果你处处以利益为重，不表现自己，不抢着干活，老板又怎么知道你这个人哪里出色，哪里优秀，你又通过什么来表现自己呢？只有在干活的时候表现积极一些，给老板留下深刻的印象，老板有升职机会时才会想到你。

张强在图文制作公司已经工作多年了，自创立之日起就来到了公司，经历了公司从无到有的过程，如今公司不断发展壮大。实际上，无论资历和经验，他都属于公司元老，应该有一个不错的职位。但是张强却始终原地不动，在一个不上不下的职位上混日子。眼看着身边的人一个一个都加了薪，唯有他自己的工资原地不动，张强感到很是不平衡。于是他私下里抱怨起来，说自己都是元老级别了，可是老板一点儿不念旧情，简直就是个冷血动物，不舍得给自己加薪。

俗话说：没有不透风的墙，张强的抱怨和牢骚传入了老板的耳朵，老板决定开一次员工大会，在会上，老板表示，分公司很快就要成立了，让员工们为分公司提一些建议。会议一开始，不少员工对公司提出了真挚的想法和建议，老板听着不住地点头。那些经常听张强抱怨的员工满以为他这次会踊跃发言，因为这可是一个展现自己才华的好机会，但是张强坐在那儿低着头一言不发，老板便点名让他讲话，可是张强结结巴巴地连话都说不利索，甚至说自己根本没有什么建议。

老板乘机意味深长地说，不是我不给你机会，而是你自己确实不想抓住这个机会。此后不久，老板就让他走人了。

在职场中，有很多像张强这样的人，他们只想得到更多，却不懂得付出，且不说他们的工作不积极、懒散，但就能力而言，即便真的是不错，可是一个处处把自己的利益摆在第一位的人，一定会引起老板的反感。这样一来，你还怎么和老板谈条件呢？

在职场中，除非你工作非常出色，否则领导不会主动褒奖你。出色的表现来源于干活卖力气。如果把眼光放在如何表现、如何做好自己的本职工作上，老板当然不会亏待你。可是，如果你把眼光只放在钱上，只盯着加薪和升职，在工作时却畏畏缩缩，即便老板有心想提拔你，估计这个念头也会被吓回去。

有一句名言这样说："纵然明天是世界末日，今天我仍然坚持给幼苗浇水。"在工作的时候抢在其他同事前面，这种行为便如同一颗"幼苗"，你的出色表现累加起来，这棵"幼苗"就会越长越大，终于有一天，它会在老板的心中长成参天大树。

▶▶ **| 思 考 |**

1. 你主动向老板提出过加薪吗？以何种方式？结果如何？

2. 如果你是老板，你会如何面对那些工作不努力却满口提加薪的员工？

07

理解老板的弦外之音:

学习老板，先懂其话中深意

老板说"你的建议我会考虑一下"的弦外之音

　　有的老板讲话比较含蓄，话说半句留半句，如果领会错了老板的意思，很容易造成误会，加深矛盾，从而影响自己的职场升迁。

　　陈明研究生毕业后，到一家国企做人力资源工作。他工作后不久，便有同学前来求他帮忙找工作，陈明满口答应了他。

　　于是，他趁给老板送资料的时候，试探性地对老板说，自己有一个同学，能力不错，想推荐他来公司上班。老板简单地问了一下他这个同学的情况，然后对陈明说道："你的建议我会考虑的，你先回去吧。"听了这话，陈明心想，这事儿八成有戏。于是，他向同学承诺不久就会通知他上班，结果好几个星期过去了，同学也没有接到上班的消息。

　　同学很恼恨，觉得陈明在糊弄自己。陈明满腹委屈，找到秘书一问，这才明白，原来当初老板对自己所讲的"你的建议我会考虑一下"只不过是个托辞。它所含有的暗语就是这件事情是行不通的，很可能当时老板不好意思直接拒绝他，就借这句话委婉地表达了自己的想法。只是可惜当时陈明没有听懂，白白让他同学等了好久。

　　老板通常所说的"你的建议我会考虑的"这句话表面听起来给了你希望。可实际上，这种希望并不大，往往会让你的要求石沉大海。

　　可能有的人会说，老板为什么不直接拒绝呢？这是多简单的一件事情。可是在现实生活中，老板说话绝对不会这么直白。他们说话得体而婉转，大多会给自己留有余地。试想一下，如果他直接拒绝了，员工将会多么没面子啊，也必然会影响上下级间的感情。可是现实生活中却难免有很多向陈明一样的员工，无法准确领会老板话语中隐含的真实意义。

　　有的人只会埋头苦干，却没有得到上司的充分肯定与鼓励，往往会感到委屈，为什么老板对我的态度不冷不热呢？他们却没有细想一下，这里面的原因究竟是什么。

张华就有这样的经历，有一次他在公司加班。当他正在办公桌前整理文件的时候，老板走了过来。老板先是肯定了他的工作业绩，然后提出了他存在的几个问题。其中最重要的一点情况就是，他缺乏与老板的沟通。听了这话，他感到有些不解，他并没觉得不跟老板沟通是个问题。

老板有些不高兴地说，上次就是因为他没有听明白自己交代的任务，就匆忙地去干，这才把工作给耽误了。原来前几天，公司开会的时候，张华提议增加新工程的预算，老板回了一句，这事以后再考虑吧。张华以为老板只是暂缓，并不是不做，于是自己带着部门的人加班把增加预算的计划做出来了。他满以为老板会夸自己，谁知老板却批评他浪费大家的时间。他满腹委屈，心里充满了对老板的不满。

而另外一位同事就聪明多了。听了老板"这事以后再考虑吧"一话，就明白老板是不同意增加预算的，于是他立刻就暂停了手上与此相关的工作，集中全部精力去做其他的工作。

类似"这事以后再考虑吧"的话在职场上还有很多。比如老板说"等忙过这阵再说吧""我还没有考虑好""暂缓""等我有时间了再讨论"等，这些话都是一种敷衍和客气的说法，大多是委婉含蓄的一种拒绝。听到这样的话，我们就会明白，对自己提出来的要求不要再抱有什么希望了。

那么碰到这种情况怎么办呢？首先，我们可以先表示赞同，然后酌情安排这件事拖后处理，或者干脆放到一边，另外想别的办法。因为在老板那儿不抱希望的事情，也许只是现在不行，以后等老板高兴的时候再提，兴许还能有机会。

其次，如果这件事情真的很重要，你还不肯放弃的话，可以再试探一下用别的办法，千万不可直接问是不是不行。如果这样的话，相当于自己把自己的路给堵死了。老板的面子上也不会好看，你自己也非常尴尬。

再者，随着公司人员的变动，老板的想法也是经常变化的。比如说陈明的朋友求职时，可能恰逢公司不缺人，而没准过一段时间，公司因为人员变动，可能会出现职务空缺。那个时候如果陈明再跟老板提一下朋友求职的事，也许就会为朋友征得面试的机会。

一件事情的成功是需要天时地利人和的，也是需要各种各样机会的。不同的机遇不是天上掉下来的，是靠我们自己争取的。如果机会合适，可以再提。

最后，老板在做了委婉的推辞之后，员工就不要再死死纠缠了。因为同一件事情，多说几次就会引起老板的反感。

综上所述，我们要懂得，老板自己也是有很多的事情要忙的，时间非常宝贵，我们不能就为了某一个问题纠缠不清，成为一个不识趣的人。一个不识趣的人，往往会招致老板的反感。很多的时候，我们不明白为什么老板会突然发脾气，其实也是一种情绪的累积。我们准确领悟了老板的意思，自然就不会招致老板发脾气了。

思 考

1. 你在职场生活中，遇到过曲解老板命令的事件吗？结果如何？

2. 陈明和张华的故事分别给你带来哪些启示？

老板说"公司现在不景气啊！"时，你该怎么做

　　"公司不景气"是一种委婉含蓄的说法，意思是指人事会有所变动，甚至有可能降薪、调离部门或者离职。所以在日常工作时，我们一定听得懂老板的"暗语"，早做准备，以防拿到解聘通知书时而感到措手不及。

　　赵小丽的儿子即将升入高中，她把大部分心思都放在了孩子身上，对待工作就三心二意起来。由于多次出错，老板对她非常不满意。终于有一天，老板把她请到了办公室，对她说，对不起，最近公司不景气，也不知道你现在能否与公司同命运，共呼吸。赵小丽赶紧表示自己会和公司一起渡过难关。可是走出老板的办公室，她又想不对啊，公司最近的利润连连上翻，没听说不景气呀。没过几天，她便接到了人事部的通知，结束双方的聘用关系。此时，她才明白，原来老板这是在为辞退她做准备。

　　"公司不景气"是一种委婉含蓄的说法，意思是指人事会有所变动，甚至有可能降薪、离职，或者调你去别的部门。公司的经营情况，老板通常不会和别人谈起的，除非关系到员工的切身利益，否则老板自尊心是不允许他们说公司不景气这样的话。

　　类似的话还有"最近公司资金周转不灵""最近公司的业务量不多""最近公司的产品成交量不断下跌""现在生意真的好难做啊""我真的是没有办法可想了"……这些话加起来，如果你有一种不祥的预感。那么恭喜你，老板的目的达到了。老板的用意很明显，先让你感到一种压力，产生紧迫和紧张的感觉，接着再谈事情就有了基本的气氛。这就好像天下大雨之前，总是要先阴天，刮来几片乌云，然后打雷，闪电，最后才下雨。而老板说的那些话，就是下雨的前兆。

　　梅晓晓就聪明得多。当公司准备调动她的时候，老板对她讲"最近销售部门的人员有些紧张，他们的工作做不过来，所以我想请你过去帮几天忙。"这话一听

她就明白了，老板这是想调她去销售部。她现在的部门工作轻松收入又高，一旦去了销售部，就只有底薪加提成了。于是她以自己无法胜任销售工作为由拒绝了老板的调派意见，并主动地提出辞职。老板立刻明白，她是一个聪明人，于是立刻爽快地多给了她一个月的工资作为补偿。像梅晓晓这样的聪明人，一听就明白了老板的意思，再配合老板做接下来的事情，与人方便，与己方便，你不让我为难，我也不会为难你。双方互相理解，有何不可呢？

不过，话又说回来。如果说，梅晓晓的态度表现得非常不好的话，也许会惹得老板生气，直接就告诉她去财务结算，领工资走人了。如果是这样，岂不是闹得双方都没有面子？

我们知道，在职场上，有些事情老板主意已定，就很难改变，我们不如另想别的办法。当我们听到"公司不景气"的说法时，不妨参照以下几种做法：

（1）我们可以直接反问一句，老板那您有什么打算呢？这样一来，老板就会把他的本意说得更明白一些。如果我们此时表示理解和认同，双方的气氛可能更融洽一些。我们要学着给老板留上几分面子。如果老板接下来说，我要调动你去哪个部门工作，或者说公司要辞退你这样的话，或者让你去人事部听候调遣的时候，我们不妨表现得大度从容一些，以显得我们有气量。兴许大家还有再次合作的机会，不要因为这件事就把路走死了。

（2）我们可以表面不动声色，然后接着老板的话茬接着说，我愿意为公司分忧，然后看他有什么反应，再随机应变。如果老板不再往下说，我们也不要多问。但是走出办公室之后，一定把这件事情重视起来，比如说赶紧找新的工作，或者联系调动到其他部门等。因为老板已经给了你足够多的暗示，剩下的就要看你自己的了。

（3）我们可以附和一句，是啊，现在生意确实难做。接着，我们可以提一些建议。如果我们真的有非常不错的点子，不妨拿出来与老板一起分享，说不定你的点子就是金点子，会让老板的眼前一亮，从而改变主意呢！

"公司现在不景气"这种话，有的时候只不过是老板的借口。所以在日常工作中，我们一定得听懂老板的暗语，早做准备，以防拿到解聘通知书时而感到措手不及。

▶▶ | 思 考 |

1. 当老板向你说公司不景气等"暗语"时，你会如何回复他？

2. 赵小丽和梅晓晓的故事给你带来哪些启示？

老板说"嗯，你工作完成的还可以"时，你怎么表现

老板常用的表示肯定的话语有：不错、你完成得还行、确实是我想要的那一种、还行吧……类似这样的话。通常来讲，老板不会高调地表扬你，这些"模棱两可"的评价中大多带了一种赞许在里面。我们可以把这句话当成对自己的一种肯定，从而让自己变得更加有信心。

伊莲·佩姬出生在伦敦郊区的一个音乐家庭里，她从小就很喜欢音乐剧。十九岁从表演学校毕业后，她就开始了音乐剧生涯。由于她的身材极为瘦小，所以每次在演出的时候，她只能演一个儿童，或者一些不会让人注意到的小角色。她并没有轻视自己的角色，每一次都热情、认真地演绎。正因为这样的执著，她努力磨砺演技，主动地寻求更适合自己表演的剧本。在她快三十岁的时候，有一家剧院要拍音乐剧《艾薇塔》，为了找到合适的演员，他们公开选拔女主角。伊莲参加了选拔赛，从 500 多名参选者中脱颖而出，最终赢得出演女主角这个角色。当最后一次试演结束的时候，当时的主管只是淡淡地说了一句"嗯，你演得还可以"。当时，伊莲有些紧张，还可以是什么意思，难道是不行吗？

回到家里，她担心得吃不下，睡不着，提心吊胆过了好几天，直到最后才接到了剧院的通知，说她通过了考试。

在上述事例中，伊莲由于没有听明白主管的意思，白白担心了几天。在职场上，这样的事情其实很常见。通常来讲，老板不会高调地表扬你，因为这样容易引起别的同事嫉妒，再者也有可能会让你感到得意，而且这样的话也不可能给老板自己留有回旋的余地。因为他一旦这样说了，万一这件事情以后需要他提几点建议，肯定他就不好意思再提了。所以，他只能说，嗯，你的工作完成得还可以。

类似的话还有很多，比如说：不错、还行、是我想要的那一种、还行吧……类似这样的话，都表达了一种赞许在里面。也许他不会明说，但是那种语气和神态，

应该是愉悦的。我们可以把这句话当成对自己的一种肯定，从而让自己变得更加有信心。

伏尔泰曾说过："伟大的事业，需要坚持不懈的精神。"而这种坚持不懈，是需要不断激励自己的。这种激励，有的时候来自外部，有的时候来自内部。而来自外部的，多是领导对自己的肯定。

白虹在商场上班的时候，只是一个小小的售货员。有一次，老板来店里视察。当时，老板走到了她的柜台前，随口问了一句，这种款式的手链卖得怎么样。结果白虹就立刻回答出了这几天的销量。哪天买了几条，多少价位卖出去的，她记得一清二楚。老板在惊讶的同时，夸了她一句。后来，老板又问店长一些店内的情况时，店长却答得含糊其辞。结果老板走了之后没过多久，就把这个店长辞退了，换成了白虹。

在上述事例中，我们可以看到，老板眼中容不下一位平庸者。只要你踏实、肯干，那么一定会有出头的一天。

那么，在现实生活中，我们听到老板这句夸奖的话，应该如何应答呢？

（1）我们要积极回应，表示自己还会再接再厉，创造出更好的成绩，让自己再上一个新台阶。职场上的成功是没有止境的。我们可以视作这句话是老板给自己的精神奖励，激励自己继续前进。

（2）我们可以向老板表示感谢，感谢他的培养和关照。也许老板并不直接领导我们，但是这并不妨碍我们接受他的教导。

（3）我们不要把功劳全占了，可以适当地表示一下，比如说，我取得这些成绩，或者我做得这么好，不光是靠我自己，还靠同事的帮助，部门主管的支持，或者那些为你提供帮助的人，你都可以提到。如果他们有机会听到你说他们的好话，自然会非常高兴，以后还会对你更好，而如果有机会，他们也会在老板面前替你美言几句。

（4）我们可以表示出谦虚的意思。比如说，其实我做得远远不够，我还有好多路要走。我还能做得更好。千万不要得意忘形，这样才不会惹得老板反感。另外，我们还可以向老板显示出低调的一面，以显示出你为人的美好品质，和良好的修养。

（5）我们可以对老板的赞许报之以微笑，不说别的话，只是一个微笑，有可能让老板觉得亲切和温暖。下属和老板之间，也是可以有亲情存在的，这种情谊来自于多年的默契。你一个会意的微笑或者眼神，已将这种默契表现得淋漓尽致。老板当然会喜欢与自己心灵相通的员工。

　　当然，应对的方式还有很多种，我们可以随机应变，根据当时的情况来做出回应。老板在一般情况下，是不会轻易就夸人的。我们得到了夸奖，也应该珍惜，这是一种精神上的嘉奖和肯定，是对我们付出辛苦表示感谢的一种方式。得到老板的肯定，接下来就是继续发扬这种精神，把原来做好的工作做得更出色。成功是没有止境的，只要我们肯攀登，就可以登上更高的山峰。

▶▶▶ | 思 考 |

　　1. 伊莲 ·佩姬和白虹的故事给你带来哪些启示?

　　2. 如果你是老板，你会用什么样的方式肯定你的员工?

老板说"我准备培养你接手我的位子"的话中深意

在职场上，当老板对你讲出"我准备培养你接手我的位子"这句话的时候，你是怎么想的呢？你是不是会觉得老板的话里有话，在向你暗示着什么？显然，这是老板在试探你的野心。

三国时期，当刘备得知自己不久将与世辞别的时候，对心腹孔明说道："刘禅实在不堪重用，我准备让你接手我的位子。"闻听此言，孔明吓得赶紧跪在地上，说一定会辅佐刘禅登上皇位，而自己绝对没有谋权篡位的野心。

听了这个故事，你是否会心一笑？确实，刘备的话里有话，他绝对舍不得把江山让给外人，此语只不过在试探孔明的居心而已。当你看了这个故事，自然会有感而发。

在职场上当老板对你讲出"我准备培养你接手我的位子"这句话的时候，你是怎么想的呢？你是不是会觉得老板的话里有话，在向你暗示着什么？显然，这是老板在试探你的野心。

沙丽在一家物流公司工作了多年，上上下下的事情她都很熟悉。各种流程也处理得相当妥帖，老板非常器重她。有一天，老板在闲聊的时候提出，等将来自己退休了，就让沙丽接自己的班。结果沙丽一听，立刻明白了老板的意思。原来，前几天，沙丽接到了好几家猎头公司打来的电话，想高薪挖她去别的公司上班。这些消息可能传到了老板的耳中，所以才出此言。沙丽赶紧表示自己并没有跳槽的意思，让老板把心放到肚子里。听了她的话，老板会心一笑，不再说什么。显然，沙丽猜中了老板的心思。她确实只是试探一下沙丽有没有跳槽的野心。

在职场上，我们与老板打交道，一定要多长几个"心眼"。从被动的方面来讲，如果老板提出类似"我准备培养你当我的接班人"，或者"我觉得你表现不错，某某职位正准备留给你做""年轻人好好干，将来这个位子是给你留的"等的话时，千万不要忍不住窃喜，这些话有可能"来者不善"。

有些话，老板不好意思直说，就先包装一下，打着准备提拔你的旗号，然后试探你的真实想法。我们千万不要"上当"，以为老板真的是打算重用自己，还有的时候，老板还有可能有事情不好明说，故意放出话来，看一下你的态度怎么样，然后根据你的态度再作进一步的打算。所以，我们碰到这样的对话，不妨小心应对。

程江在一家运输公司上班。工作几年之后，他想离开公司，开始自己创业，成立一家运输公司。于是，他开始在暗中筹备这件事情。不久，老板从别人的口中得知了这一消息，然后找到程江谈话。他试探地说，自己准备将公司交给程江管理。程江信以为真，他吃了一惊，然后结结巴巴地说不出话来。程江的反应在老板的预料之中，老板的话显然是试探的。程江面露的为难之色，刚好表现出他另有打算，结果惹得老板非常不高兴。

那么假如老板说出了"我准备培养你接手我的位子"这样的话，我们应该怎么应答呢？

在职场上，老板的行动都是根据自己的利益需要而产生的。老板说这样的话，大多是因为得知了你的部分信息，因此我们要提高警惕，反思一下自己的行为是否存在什么过错。通常来讲，当下属与老板进行交流的时候，要注意一个原则，那就是遵循上级的整体利益。如果想让上级考虑自己的利益，就不要轻易触碰老板的利益。我们可以委婉地提出符合自己利益的想法，但是这个先后顺序不能随便颠倒。

我们可以在老板提出这个问题的时候，以开玩笑的口气说，"老板，其实您干得好好的，怎么会想起来要把位子让给我呢！我的能力远在您之下，恐怕担当不了这种大任。"这就好像是老板给了我们一个梯子，而我们却不能沿着这架梯子往高处爬。做人要有分寸和原则，更何况这架梯子还是老板虚空架在那里让我们爬的。

再者，我们可以谦虚地向老板请教，是不是自己在工作中出现了什么问题，或者有什么想法不符合老板的原则，然后请老板指教。这样一来，老板就会顺着你的引导，讲出他心中的真正意图。

曾经有一部名叫《潜伏》的电视剧获得了很高的收视率。从职场角度来分析剧中的人物关系，我们可以看出：吴站长之所以能够驾驭那么复杂的几个部下，是因为他很清楚手下几个人的想法。他了解这些人的意图。那么，他是如何了解下属们的意图的呢？当然是靠与这些人交流。比如说，吴站长会在怀疑余则成的时候，别有用心地去套他的话。这些人之所以被他牢牢吃定，原因就在于此。我们可以从这些事例中汲取教训。老板的话，就像是试纸，只不过是试探我们心思的一种方式。他们的真实意图，往往藏在这些话的后面。

要想和老板处得好，平常就要沟通好，否则老板会对下属心生猜测，衍生出许多不利于我们的想法。很多时候，领导与下属之间的症结，是在于双方的沟通不畅。因此我们一定要注意沟通，平时多和老板联络感情，这样才能让自己的职场之路走得更加顺畅。

> ▶▶ **思 考**
>
> 1.当老板对你讲出"我准备培养你接手我的位子"这句话的时候，你是怎么想的呢？
>
> 2.莎丽和程江的故事给你带来哪些启示？

老板说"某某某工作很出色"时的真正意思是什么

如果老板当着你的面夸奖其他人工作很出色的时候，你会怎么想呢？
是不是真的以为那些话是冲着别人说的，和你没有关系呢？

有一个词叫作"借力"，估计很多的人都听说过，这个词也可以用在讲话的方式上。比如说，当老板对着你不断地表扬一个人的时候，这就叫作借力。

吴宏在一家影视公司做编导。他工作了好几年，一直成绩平平，没有什么拿得出手的精品大片给领导看，但是他却从来没有想过自己的原因，反而总是盘算如何让自己的薪水增加一些。有一天，他终于忍不住了，在和老板一起谈论一个策划案的时候，暗示老板自己来公司工作很长时间了，应该加薪了。但是老板却没有直接回答这个问题，而是装作不经意的样子，说起公司里的另一位同事小王，老板大赞他工作出色。接下来，老板滔滔不绝地一直在夸赞小王，夸得吴宏都不知道说什么才好了，他只得垂头丧气地住了口。

在上述事例中，老板的意思，表面上是在说小王的事情，在夸奖小王，但实际上，老板是在借小王的事情批评吴宏不如小王出色。虽然老板没有明说，但实际上老板是在警告吴宏，如果他再继续谈下去，显然是自讨没趣，所以吴宏识趣地住了嘴。

老板的话，通常不会直接表明自己的意思，而是含蓄地表达。老板在夸某某某工作很努力，某某某工作非常出色，谁谁的业绩最好，谁谁的客户关系处理得好，谁谁总是不辜负自己的期望的时候，实际上，他的意思是在激励大家向这个人学习。他把这个人树成了一个标杆，甚至当成了一个模型公开向大家展示，以此来说明，我最喜欢的员工，就是这种样子的。

张乐在一家大型超市的化妆品柜台工作。当时，她一个月的销售量，还比不上同组的小刘一个星期的销售量。后来，超市的老板来到了她们的专柜前视察。当时老板边看边夸小刘的工作业绩出色，说完，意味深长地扫了其他员工一眼。张乐立刻明白了老板的意思，立刻附和着说，对对，我们以后一定向小刘学习。接着大家都跟着她这样说，老板的脸上才露出了满意的微笑。张乐此时悄悄松了一口气，看来，她这次是明白了老板的心思，而且表现也算是得体。

老板的意思，当然是希望所有的员工都向小刘学习。张乐很聪明，自然明白这句话的用意，所以她的反应自然会获得老板的认可。老板夸一个人，自然是因为对这个人非常欣赏。谁不希望自己的下属个个省心呢？如果个个都是优秀员工，人人都可以成为模范，他这个老板岂不是更加省心吗？

那么，当我们听到这种话的时候，应该如何去应对呢？首先，我们要对老板的看法表示赞同。老板认可的人，当然是最具有加薪希望的人。我们可以先跟着老板的话风来说话，也对这些话表示赞同。

其次，我们要把老板夸的对象所做出的一些行为视作自己将来工作效仿的标准。当我们把这些情况归纳起来向老板汇报的时候，相信他已经意识到你听懂了自己的本意。

此外，我们还要检点一下自己的言行，看自己是不是做了一些让老板不满意的事情。因为有的时候，老板对于下属不合时宜的行为不满的时候，往往不会直接说，而是旁敲侧击。他夸某某某的一项工作做得好，也许仅仅是因为你的这项工作做得不好。

安安在公司里是一个很安静的女孩。由于她性格内向不爱说话，所以与同事间的沟通就显得不那么顺畅。有一次，她在给一位同事发邮件的时候，没有解释清楚该项工作的实旨，结果害得同事白白浪费了很多的时间。这件事传到老板的耳中之后。老板找安安谈话。当时，老板并没有直接批评她。而是当着她的面，夸那位收到她邮件的同事有耐心，有毅力。可是安安明白老板这是在警告自己。她赶紧做起了自我检讨，老板的脸色才稍微缓和了一些。

老板虽说表面在表扬那个同事，实际上却是针对安安的。安安听懂了老板话里暗含的意思，及时做出反应，这才获得老板的原谅。

当然，可能我们有时也会在想，为什么自己做了那么多的努力，老板表扬的永远是别人。产生这样的疑问是很正常的，因为并不是所有的努力都会获得老板的认可。不过，解决这个问题也非常简单。只要你多留心，向老板经常挂在嘴边表扬的人不断学习。相信用不了多久，你会成为老板所欣赏的人。

▶▶▶ | 思 考 |

　　1. 工作过程中，是否出现过老板借力其他同事而针对你的行为呢？你是如何应对的？

　　2. 张乐和安安的故事给你带来哪些启示？

老板说"我给你个新的建议"时，你怎么回应

如果老板向你提一些建议，你会怎么想呢？在表示欢迎之余，你是否想过，也许这些建议是老板对你工作的全盘否定呢？

王志美用尽心思策划了一份自认为不错的策划案，交给老板。她在心中暗想老板一定会表扬自己。几天之后，老板把她叫到办公室，对她说道，你的策划案我看过了，内容非常不错。不过呢，我有几个新的建议，要讲给你听。说完，老板一二三地指出来许多建议。接下来，王志美按老板的建议一分析，差点喊出来。原来，老板基本上全盘否定了她的策划案。如果按老板的意见来写，那基本上相当于全部重写了。

可是既然情况是这样，老板又为什么不直接地说出来，反而折腾她去改呢？

其实，这是职场上非常常见的一种现象。老板通常不会直接批评下属，他们一方面想保护下属的积极性，另一方面也怕伤害了下属的自尊心。因此他们会尽量把话委婉地讲给员工听。也许听起来，这些话只是为了让员工的工作变得更完美，可实际上，这些建议是对员工原来意见的彻底否定。

无论我们如何谨小慎微，在做工作的时候，总会遇到一些棘手的问题。当老板以提建议的方式指导我们的工作时，一定要虚心的接受，不要找借口把自己的责任撇得一干二净，或者找一些似是而非的借口把责任推到别人的身上。这样做，只会让老板认为我们太自大，不肯接受意见。

张明在一家商场上班，他每天的工作就是处理顾客在购物的过程中产生的纠纷。有一天，张明接手了一起非常棘手的纠纷。一位顾客在购买了一件皮草之后，又跑来退换。但是她来退换的时候，已经过了可以退换的日期。而且，这位顾客所购买的商品并没有什么毛病，按理说商场是可以拒绝退换的。但是由于这位顾客很难缠，天天跑到商场里来闹事。结果张明烦不胜烦，决定帮这位顾客把货退掉。

当他把自己的处理方案说给老板听的时候，老板客气地说，这样解决很好，但我给你提个建议啊，我们可以建议这位顾客去找消费者协会解决问题。因为如果她真的有问题的话，她是不怕去消费者协会投诉的，如果她只是无理纠缠，那么她绝对不敢去投诉，而且她对我们这种建议也提不出辩驳的理由。老板说完，微笑着看着他。张明心想，这不是完全否定了我的处理方法吗？如果这位顾客再来商场闹事怎么办？影响商场销售商品怎么办？他和老板为了这个问题争论了起来。

结果老板这次再也不给他留面子了，直接就说，其实一开始我就打算否定你的建议，只不过为了不伤你的自尊心，这才向你提了新的建议。可是你并没有意识到，自己的行为正在严重损害商场的利益，同时也损毁了商场本身在消费者心目中的形象。接着，老板狠狠地批评了他一顿，最后张明还得按老板的命令执行。

在上述案例中，张明的想法和做法都显得有些不恰当。其实，当老板说出第一句话："我给你一个新的建议"时，他就应该有所察觉，老板的真正意图是什么？如果当时他能灵活地应对，及时扭转自己的态度，兴许结果会好得多，至少不用挨老板的一顿训斥，还担上办事不力的罪名。

在职场上，老板们高高在上，他们优越的地位决定了他们自身的素质水平，他们会认为，自己如果赤裸裸地指责下属做得不对，会显得非常没有水平。在这种情况下，他们会认真地考虑自己的说话方式。这样一来，双方在打交道的时候，一定会显得婉转而非直接。

林娜是一名化妆品推销员。为了显示自己的工作积极主动，她经常一看到顾客来选购化妆品就凑过去，然后大力向对方推荐自己负责销售的化妆品。有的时候，明明是同事在向顾客介绍产品，她也凑过去插话，尽量让自己的产品更多的销售出去。后来时间长了，同组的同事们就有了怨言。她们觉得林娜总是在跟自己"抢生意"。在向客人介绍产品时，由于她的插入，让顾客变得拿不定主意，很多顾客往往什么也不买就离开了。

老板听说此事后，找到林娜。她微笑着说："你有工作热情是好事，但我给你提一个新的建议，以后在介绍商品的时候，要注意拿捏好自己的分寸，不能过于主动，具有攻击性质的强行向顾客销售，这种方式是会损害顾客的购买欲望的。也许就是因为你太强势，顾客会不愿意听你说。"林娜很快就明白了，老板是在否定

173

自己以往的销售方式。她立刻表示自己以后会虚心接受老板的意见，对工作加以改进。于是，她找到了同事道歉，并且向对方请教了销售的经验。很快，她的行为受到了老板的表扬。

我们听到老板说"我给你个新的建议"时，应及时认识到，这条新建议实施的条件是什么？是不是与自己原来的想法或者做法有矛盾。建议实施之后，我们是否放弃原有的想法。当你研究之后就会发现，老板说的这句话，大多没有可通融的余地。老板的意思，也许很明显，让你按他的想法去做。我们在收到这一讯息之后，首要的就是放弃自己的观念，迎合老板的思想，把他的新建议落实在实处。

有人会说，万一老板的新建议不对呢？这种时候，我们也不要急于否定，老板之所以是老板，必有其过人之处，可以用谦逊的态度，与老板进行探讨。这样一来，老板就会了解你的真实想法。如果他改变主意，按你的意见来办，那就是另外的事情了。

> ▶▶ | **思 考**
>
> 1. 老板是否以建议的形式指导过你的工作呢？你是如何做的？
>
> 2. 如果老板给你的建议是错误的，你该如何应对？

老板问"你怎么看待这个问题"时，你怎么回答

通常来讲，自诩开明的老板们都喜欢标榜自己讲究民主，赞同大家踊跃发言，更欢迎大家向自己提意见。可能有人觉得遇到这样的老板，真是好福气，谁不希望遇到一位开明的老板呀。可是你有没有想过，兴许老板在说这句话的时候，表面看着是在征询意见，而实际上是在逼着你表态。

卢秋在一家餐馆上班。她来这里时间不久，就碰上了一件棘手的事情。原来，她所在的餐馆刚开张不足三个月，店里的员工与老板相处的时间都不长，相互之间并没有什么深厚的感情，而且由于磨合方面的问题，甚至出现了个别员工拉帮结派，公开地要求老板涨工资，如果不涨工资，他们就会辞职，这件事让老板很是为难。

老板决定开个会，征求一下大家的意见。会议开始了，大家轮流发言，说出自己的看法。当轮到卢秋的时候，她竟然不知道说什么好了。老板追问了她一句"你怎么看待这个问题？"卢秋结结巴巴地说了一句"我觉得，还是再涨点工资比较合适。"

会后不久，老板就责令卢秋离开，卢秋非常后悔。

在卢秋的事例中，我们可以看到，老板在开会的时候，表面上是在征求员工的意见，可事实上，老板的潜台词是在逼着员工们表态，然后做到"心中有数"。试想一下，如果员工一要求涨工资，老板就没有原则的同意，时间长了，老板岂不是要处处受到员工的挟制，这样的餐馆，老板还怎么管？

现实是残酷的，很少会有老板把员工的意见真正的地放在心里，因为从经济利益上讲，员工并不是老板的合伙人，不可能站在老板的角度上来考虑问题。这样一来，老板就会采用自己拿主意的方法，以自己的想法来左右事态的发展。因此，我们不妨在听到老板讲类似的话时，动动脑子，想想老板究竟是什么意思，然后再做决定。

我们会经常看到有这样的一些员工，他们没有自己的主见，喜欢附和别人的意见。如果不是领导要求，他们很少会主动向领导表明自己的看法。如果领导逼着他们表态，他们就会随便地说一句意见。这样的下属，势必不会受到重视。此外，如果哪天下属表错了意，说的话没有说到老板的心坎上，那么势必受到老板的冷落。

怎么能让领导认识你，了解你呢？当然要积极地与老板沟通和交流。当老板向你征求意见，问你如何看待某个问题的时候，事实上是老板在试探，你的立场究竟站在哪一边，是否和他想法一致，并支持他。

孙晶的公司就遇到了这样的事。几个老员工聚在一起商量，向老板提出增加出差补贴。可是公司当时给的出差补助已经算是同行业中较高的了，所以当几个员工提出这个要求的时候，老板并没有直接答复，而是决定开个会征求一下大家的意见。

当老板在征求大家意见的时候，孙晶表示，希望按老板的规定执行，自己觉得补贴没有什么必要增加。老板听后心里非常高兴，他觉得孙晶在表明一种和自己站在统一战线上的态度，这样的员工，他又怎么会亏待呢？

会后不久，几个牵头提出增加补助的老员工先后被调岗或辞退，而孙晶则被老板提拔为部门负责人。孙晶的做法，值得我们借鉴。

我们要学会与领导沟通，会使自己在职场生涯中少走很多弯路。而在双方沟通时，最重要的是要学会倾听。如果老板问我们"如何看待这个问题"，我们不妨对老板的话加以揣摩和领悟，在表达自己的意思时，要多考虑领导的心思，具体问题具体分析，这样就能赢得领导的认同与好感，让沟通成为工作有效的润滑剂而不是阻碍工作的开始。

可能有的人会认为，这样做太缺乏个性。在职场上，有的人因为追求个性和平等，往往以自我为中心，从而与领导发生冲突。面对老板的要求，他们习惯用自己的方式去解决，面对老板的提问，他们喜欢把自己的想法直接表达出来，不撞南墙不回头。这其实是一种极度缺乏情商的表现。这些行为很容易使老板感到不受尊重，甚至产生威胁感，从而耽误自己的大好前程。

> ▶▶　| 思 考 |
>
> 1. 卢秋和孙晶的故事给你带来了哪些启示?
>
> 2. 如果老板向你征求意见时,你该如何答复他?

08

善于和老板说话：

会与老板沟通，更容易学到其真经

抱怨是把机会炸掉的"定时炸弹"

　　优秀的员工会把工作成绩留给老板，而那些平庸的员工，留给老板的只是一堆抱怨。

　　在同一家公司，面对同样的工作，得到同样的工作酬劳，不同的员工却有着不同的心态。有的人爱抱怨，总觉得自己干得多，赚得少，收入与付出不成正比。也有的员工则脚踏实地地工作，将老板的要求在行动中落实，将所做的事情变成结果，将结果变成利润。优秀的员工会把工作成绩留给老板，而那些平庸的员工，留给老板的只是一堆抱怨。

　　也许这些爱抱怨的人并不缺乏激情和梦想，他们的身上也具备了很多优秀的品质，但是却总也得不到老板的赏识，因为这些抱怨就像是一颗一颗的定时炸弹，就埋在他们升职的路上。

　　从某种程度上来讲，抱怨散发出来的是负能量，只能让自己变得更消极。也许有的人在抱怨的时候，听起来是在向老板反映问题，可实际上，他们在抱怨的过程中，只是把这些问题原封不动地交给了自己的老板。

　　有一个故事相信很多人都听说过：三个年轻人跟着同一个老板工作，他们的主要工作内容就是采购蔬菜。有一天，其中叫布鲁诺的小伙子对老板抱怨，说为什么我来这里工作三个月了，薪水一点没有增加，而同一时期来的叫阿诺德的小伙子却连着加了两次工资。当时，老板没有直接回答他的问题，而是给他布置了一项任务，让他去集市上看看，有没有卖土豆的。

　　布鲁诺很快就跑了出去，他去集市上转了一圈之后很快就跑回来了。他对老板说集市上确实有卖土豆的。老板就接着又问，一共有几家。布鲁诺回答不出来，然后就又去集市上跑了一趟，告诉老板说有三家。老板接着又问他是否知道土豆的价格，布鲁诺摇头。就这样几次三番之后，布鲁诺才把老板提的问题全部搞清楚。

接着老板又叫来了阿诺德，第一句话同样是让他看看集市上有没有卖土豆的。阿诺德很快就回来了，然后开口说道，市场上有三家卖土豆的，其中两家都是一美元一斤，而另外一家卖得稍微便宜点，我去看了看他们的货，发现还不错，于是我和他商量能不能送货，他说可以，我现在已经把他们的伙计叫过来了，您可以亲自和他谈。另外，我顺便还打听了一下西红柿的行情怎么样……听完这句话，老板问布鲁诺，如果你是老板，你会给谁加薪呢？布鲁诺立刻惭愧地说不出话来。

在这个故事中，我们不难发现。当布鲁诺在对着老板抱怨的时候，他并没有意识到，实际上他无形中给老板投下了一颗定时炸弹。

在职场上，做为员工，最重要的是如何树立起正确的价值观，主动为老板排忧解难，把最满意的结果交给老板。有无数的事例证明，那些做出令老板满意成绩的员工，才是晋升速度最快的员工。至于那些抱怨最多的员工，往往是老板最讨厌的员工。这样的员工，自然难以受到青睐。

张康是一家公司的业务员。他每次在接受客户的委托之前，总是要花点时间提前去了解客户的情况。当客户的需求了解清楚了，他再向老板汇报。因此，老板对他的工作比较放心，因为这样一来，他在与客户谈判的时候，就增大了成交的可能性。

同样的公司里，张辉的想法却大不相同。只要相关的客户打来咨询电话，他都记录在案，把咨询电话都当成是有成交意向的电话，汇报给自己的老板。可是每次到了最后，他所谓的这些客户都会有这样或者那样的问题而不能成交。此时，他就向老板抱怨自己的客户不靠谱，没有诚意合作还乱打电话。面对他的抱怨，老板的心情自然不好，他几次三番这样做，只能让老板一看到他就心烦，而且由于他准备工作做得不好，所以成交量很低，不久，老板就把他辞退了。

长久以来的抱怨，只能说明一个问题，他不懂得如何认真去工作，如何为公司赚取利润，想的却是如何把自己遇到的困难和问题丢给老板。如果老板雇一个员工是为了听他的抱怨，而不是为了让他帮自己解决问题，那么老板又何必花这么高的薪水呢？

从根本上来讲，这样爱抱怨的员工，是一些不负责任的员工。他们不知道自己应该做什么，能够做什么，什么事情自己应该去做却没有做，怎么样去做才能精益求精。如何才能做得更好。这些人没有危机意识，也没有任务意识，他们不懂得如何为老板排忧解难，更不想把满意的结果留给老板，有无数的事例已经证明，那些具有很强业务的人，又总是能给老板交出满意结果的员工，才是老板最器重的人。

我们应该减少自己向老板抱怨的次数，学会站在老板的立场上考虑问题。有的老板表面看起来像"鸡蛋里面挑骨头"，可是如果我们站在对方的角度想一想，老板这样做是为了严格要求下属，让下属做事更认真。他们也许只是对事不对人，对工作要求严格，才能让大家按部就班，才能保证公司的正常运转。

所有的老板都希望自己的下属能有耐心，能容易相处，是一个可靠的人。而如果我们站在老板的角度上想这个问题的时候，就会试图想把自己变成老板要求的那样子。我们可以按着这个要求来调整自己办事的风格，这样一来就会和老板越来越默契。

另外，我们要主动学着去适应老板。无论我们面对的是什么类型的老板，如果我们主动去了解，用心去观察，那么老板性格特点一定会被我们所掌握。当我们了解了老板的性格特点，就会在一定程度上按他喜欢的方式与之相处。了解了老板的为人，细细品味了老板的心思，才能做好他想要做的事情。此时，你才有可能得到他的重用。

▶▶▶ ｜思 考｜

1. 如果你是老板，你喜欢爱抱怨的员工吗？你会如何面对这一类的员工呢？
2. 布鲁诺和张康的故事分别让你获得了哪些启示？

在"哑巴"和"话痨"中间找到平衡点

> 每一个老板都喜欢那些办事练达的人，当我们善于表达自己观点的时候，就会明白自己在与老板沟通时，如何才能言简意赅地传达出老板需要的信息。

读过三国的人都知道，里面有一员"骄傲"的大将叫作马谡。此人才学出众，私下经常与孔明在一起谈论书法，两个人关系很是亲密。但是在大堂上，马谡却像变了另一个人。在他的心中，自己不是孔明的下属，而是孔明的救星。他夸下海口，非要去战场上带兵打仗，于是孔明只好同意。可到了战场上，这个只会夸夸其谈的下属，被敌人打得一败涂地，虽然最后逃了回来，可还是被孔明斩了。

可以说，马谡过多的言语害了自己。若不是他夸下海口，在孔明的面前立下军令状，把不该说的话也说了出来，断了自己的退路，也许也不至于丢掉性命。

在职场上也是如此，也许我们说话太多不致把命丢了，却有可能把自己的工作丢了。我们对老板说的话过多，就会在大量信息中暴露自己更多的缺点和不足。有些事情不能详细地说，不能滔滔不绝，事无巨细都向对方反映。这样的员工，注定不会受到老板喜欢。

白瑞是公司新招来的员工，她跟着同事去外地出差回来，老板让她汇报一下出差与客户交谈的情况怎么样，结果白瑞的话一开口，就收不住了。她讲了自己的客户见面的详细经过，甚至客户和她一起吃饭的小事都讲了出来，原本几分钟就可以交代清楚的事情，她自己在那儿讲了整整一个多小时，把老板听得火冒三丈，最后不耐烦地说："你能不能挑重点给我说？"而且就在老板打断她这番话的时候，白瑞都没有讲完。可见她是多么啰唆。这样的人，只能让老板见一次烦一次。后来，老板渐渐不再把重要的事情交给她做，就这样，白瑞的工资一直在原地踏步。

白瑞的经历告诉我们，在老板面前，话可不能多说，以免让老板听得心烦，而且还会认为你表述能力欠佳，连这么点儿小事都搞不清楚。这样的情况下，老板把工作交给你能放心吗？说不定你会找老板来个"十万个为什么"呢！

相反，在职场上如果像个哑巴一样不爱开口，会出现什么样的结果呢？

张明给一家影视公司拍摄栏目剧。有一次，他拿到的剧本内容有些单薄，他们很快就拍完了，但是剧本的时长不够。原来是 25 分钟的戏。可是等拍完之后，片长只有 20 分钟，短了 5 分钟。当时，张明没有向老板汇报这件事情，连说也没有说，就带着剧本全体撤回了。

后来，当拍好的片子交到老板的手上时，老板火冒三丈，指责他为什么不和自己沟通，为什么不和自己联系。现在事情都出了，大家都撤回来了，片子没有拍够时间。这要重新再把所有的演员拉出去重新拍一次，这得浪费多少精力人力物力和财力呀，更何况那些演员们都有自己的安排，他们是否有时间安排，是否档期允许还不一定呢！怎么办呢？只好在中间夹了许多的片花，又找了编剧重新加入了一段解说词，才总算凑够了片长。

这样的情况下，可想而知，老板有多么恼火。当时，老板在公司发脾气说，有了这样的事情，你为什么在我面前装哑巴，为什么不提前沟通，和我商量。到时候就算是多拍几个空镜头街景接入到片子里，也不会出现这样的结果呀。因为这解说词必须要找主持人来讲，而主持人的出场费又是一笔不小的开销。只因为他少说了几句话，引来了这么多的麻烦。

如果你遇到这样的下属，如果你站在老板角度上想一想，是不是很气人？

因此，我们不妨在哑巴与话痨之间寻求平衡点。

首先，我们要学会通观全局，哪些事情是老板想听的，哪些事情是老板不想听的，事先要搞清楚。此外，我们还要多向老板学习，因为只有向老板多学习，才会多见识一些东西，开阔一下思路，这样想问题，做事情才能更加周全和细致。了解了这些，你就会明白哪些事情我们应该多说，让老板心里清楚，哪些事情我们应该少说，因为老板早就已经提前了解过。这样一来，你说话就会有了分寸。

其次，我们要不断改进自己的表达方法。每一个老板都喜欢那些办事练达的人，不管是经验还是知识，即便是口才，都是如此，在工作和方法中出色的人，一定要向他学习，因为这样会让我们受益匪浅。当我们善于表达的时候，就会明白自己在讲话的时候，如何才能言简意赅地传达出老板需要的信息。明白了这些，你也就会让自己的每一句话都变得精练。

最后，我们要学会察言观色，有些话是需要看时机来讲的。如果老板正在忙着，你非要冲过去对他滔滔不绝地讲一大堆话，估计再有用他也没有心思听。如果大家开会讨论，让你畅所欲言，你却因为没有考虑好而保持沉默，会让老板觉得你没有才华，没有主见，更没有能力参与到解决问题的讨论中去。因此，我们不妨随机应变，学会在不同的场合和时机下，讲不同的话。

在职场上，有的人喜欢当哑巴。在老板面前不爱说话，老板问一句就答一句。试想一样，这样的问话方式，老板会喜欢吗？

当然，物极必反。如果你在老板的面前滔滔不绝，说起来没完没了，就像是个话痨一样，也许在无意间就会得罪老板，说不定哪句话就让自己吃哑巴亏。因此，我们不妨在话痨与哑巴之间寻找平衡点。

▶▶ | 思 考 |

1. 职场中你是"哑巴"还是"话痨"？

2. 如果你是老板，你会用什么样的沟通方式与员工交流？

老板再小也需要尊重

不要认为老板年轻，或者公司的规模小，就不把老板的决定当回事。其实，老板才是公司的灵魂，按照老板的决定去执行，是我们职业的操守之一。

赵小玲最初进入一家公司上班的时候，这家公司的规模非常小——办公室安排在居民楼里面，老板租了一套一厅两室的房子当办公地点，公司里只有四个人：老板、老板娘、另一位打工妹和她。赵小玲对这份工作非常不满意，但是由于她学历低，也没有机会找到更好的工作，于是就暂时在这里打工。

由于公司小，所以规章制度也不全面，老板只是说安排每天9点准时上班，但实际上，他们也不需要打卡，也不需要点名报道，更不需要进行详细的考勤记录。赵小玲于是经常迟到，老板说过她好几次，但是她从来不把老板的话当成一回事。

时间一长，连老板娘都对她有意见了。有一天，老板终于忍不住了，对赵小玲说要扣她的工资，可是赵小玲反倒与老板吵了起来，最终的结果就是老板给她结算工资，让她走人。五年之后，老板的小公司渐渐地发展壮大成大公司，员工的福利也好了很多。当时与老板一起打拼的那个打工妹，成为公司的高管，月入上万元。赵小玲偶然得知此消息之后，把肠子都悔青了。可是谁让她当初不懂得尊重老板呢，要不然，今天当高管的人就是她了。

小老板不可以小瞧，更不可以不尊重他们。就算是从就职的素养来讲，我们也应该尊重身边的每一个人，更别提这个人还是自己的老板。曾经有人把老板比喻成一条船，而老板就是这艘船的船长。下属们都是船员，老板与下属之间可以说是一种共患难的关系。如果公司遇到大风大浪，当然要由老板指挥大家逃避危险。从某种程度上来讲，双方就是一个共同体。如果你不尊重老板，不把老板当回事，那么一旦遇到什么事情，自然也不会与老板齐心合力。试想一下，在同一条船上，如果员工与舵手齐心合力，向一个方向划，那么大船肯定能顺利前进，而且还可以绕开那些险滩和暗礁，走到光明的彼岸。

如果只是在心里想着自己的小算盘，把公司当成老板的，事业当成自己的，那么你就不可能把老板当回事。处处懈怠的结果，只能是让公司和自己蒙受双重的损失。这样的人，表面上看是不拿老板当回事，实际上是在拿自己的前途开玩笑，从本质上来讲，就是缺乏应有的责任心和敬业精神，这种人一辈子都难成大事，做不出成就来，因为他缺少了一种对老板负责的心态。

微软在最初创业的时候，租用的是只有四个房间的一套办公室，里面空空荡荡，什么也没有。这就是露宝第一次去面试的时候看到的情景。当时，微软公司的员工只有几个人，而且都是年轻人，最重要的是，盖茨只有 21 岁。这样年轻的老板，在 42 岁的露宝眼中，简直就跟自己的孩子一样，没有什么两样。让她去尊重这个毛头小伙子，把他当成自己的老板来看待，对她而言，确实有难度，而且，就在她见到盖茨的时候，对方随随便便就和她打招呼的样子，根本没有一点老板的架子和风度。

当她把自己的就业经历告诉老公的时候，老公警告她，你得好好观察一下，看看这个公司能否在月底发得出工资。而露宝当时却并没有把老公的话当回事，她以一个成熟女性特有的缜密与周到，考虑起自己今后在公司应尽的责任与义务。

露宝开始工作后，主要负责盖茨在办公室的起居饭食。露宝对盖茨的期待与尊重，让他感到了一种母性的关怀和温暖。他渐渐减少了远离家庭而导致的种种不适感。从那之后，盖茨再也没有因为生活琐事而分心过，他经常抓紧每一分钟来进行谈判，为了让工作尽可能的满负荷，盖茨总是在办公室处理事情到最后的一刻，才驾驶着自己的车飞速赶往机场，事后再让露宝到机场取回。

露宝成了公司的灵魂，给公司带来了凝聚力，盖茨和其他员工对露宝有很强的信赖心理。当微软公司决定迁往西雅图时，盖茨与公司的其他几个人合力说服了露宝，让她举家随着公司迁到了西雅图。就这样，露宝用自己对老板的尊重，为自己赢得了应有的地位。

我们要尊重老板的每一项决定。老板是公司的领导者，他们手中有着决策权。不要认为老板年轻，或者公司的规模小，就不把老板的决定当回事。其实，老板才是公司的灵魂，按照老板的决定去执行，是我们职业的操守之一。尊重老板的每一个决定，把他们的话当成自己行动的方针去实施。把老板的话放在心上，落实在行动上，老板自然会感受到你对他的尊重。

> ▶▶ | 思 考 |
>
> 1. 你尊重你的老板吗？如果不，请简述为什么。
> 2. 赵小玲的故事给你带来了哪些启示？

用好听的话把"不"带出来

事实上，如何用好听的话向老板表达"不"是一门讲话的艺术。

李开复曾经专门对自己的下属讲过一节课，这节课的题目就叫作——如何对老板说"不"。他在讲这节课的时候谈到，有很多的人认为自己在为老板工作，老板安排的所有的事情都要做到。如果自己做不到，那就是自己的能力不行。可是你有没有想到，你本人不是万能的，并不是老板安排的所有事情都可以做到。

李开复的这节课讲了没有多久，就遇到了挑战。有一位副研究员告诉李开复，自己身上的压力太大，自己需要升级。因为部门经理一开口就告诉他，让他不分白天和黑夜地干活，有的时候，会连续工作 16 个小时。他对李开复说，如果是短期的这样工作，自己可以接受，但是若长期这样工作，每天的工作量又这么大，有时非常枯燥，真的是让人受不了，而且总是这样做下去的话，自己的灵感总有一天会枯竭。

听到这句话，李开复笑了，他对这位副研究员说，你说得很对，每个经理必须尊重每位员工的私生活，不能期望超人的工作时间。创新是靠激情和灵感产生，不是仅仅靠劳力的。我会和所有的经理沟通，尊重每一位员工的私生活。另外，我希望每个人都能做自己擅长并喜欢的课题，这样才能激发出最大的热情，而取得最大的成就。这次会谈结束之后，李开复很快就和别的经理取得了联系。他向对方表示，以后不要擅自加大员工的工作量。

在这个故事里，我们不难看出，李开复手下的这位副研究员，非常讲究说不的技巧。他先表示，如果确实需要加班，自己是可以配合的，但是如果没有原则不停地加班，自己是受不了的。从长远来看，不利于自己的工作。这样一来，李开复就心甘情愿地接受了这条意见，而且还采取了解决的措施。

确实，对老板说这并不是一件容易的事情。这就意味着我们在提意见的时候，还得提心吊胆，小心翼翼。我记得自己刚参加工作的时候，有一次老板在台上做演讲，他说错了一个数据，于是有个员工就立刻大声地指了出来，给他纠正。当时老板的脸色非常难看，涨得就跟猪肝的颜色一样。这种时候，如果换作是你，对方打断了你的谈话，你这个当下属的心里会好受吗？结果肯定不言而喻。

那么，我们如何用好听的话来拒绝自己的领导呢？

首先，我们要先肯定老板安排的工作是重要的、必要的，因为老板在安排工作的时候，也是事先考虑过的；如果工作没有必要，他也不会进行安排。因此我们对老板的这一决定要表示肯定。

其次，还要站在老板的角度来替对方考虑问题，即便要对老板说不，也要静下心来好好分析一下整件事情，了解整个工作的程序，再衡量自己能做多少、不能做多少。通过做这些工作，就可以准确地告诉老板：哪些指标是我可以完成的，哪些是我不能完成的。为了顺利完成公司任务，希望老板应该怎么样来配合我，或者请她安排其他的同事来和我合作，并且我要向老板表达这样的意思：您安排的工作我一直是在尽力完成。这样一来，哪怕老板心里不高兴，他也会理解你的做法，而且还会配合你做出决定。

最后，在拒绝之后，我们要与老板一起评估目前的所有工作，你可以拿出自己的工作计划表，逐一与老板确认，表明自己所有的时间都在做什么，工作由谁来完成，或者工作要转移到什么时间去做。这种时候，老板就会明白你是不可替代的，而且时间也不允许你接受新的工作。

在职场上，学会委婉地表达拒绝，上司会既欣赏你的坦率，又能理解你所表现出来的积极态度。当然，前提是你的拒绝一定要合理，因为老板的心中也有一杆秤，会对你所说的话进行衡量。

如果他现在安排的工作必须由你来做，那么老板就会想新的办法。比如说，他们会代替你找到新的合适的人选，然后把你的工作安排给他，这样一来，你就有精力和时间来完成老板交代的新任务了。如果老板觉得他安排的新任务别人也能做那么他就会找别的人去做，这样一来，即便你拒绝了他，他也不会太生气。你也不会因此而得罪老板。

> **▶▶ │思 考│**
>
> 1. 你会用恰当的方式表达"不"吗？
>
> 2. 如果你是老板，你会怎么面对那些总违背你"命令"的员工呢？

把握赞美和"马屁"的分界线

> 赞美得当，会迅速得到老板的重用与赏识，获得老板的信任，从此之后，升职加薪指日可待。

曾经看到过这样的一则笑话。

一群大学生在军训，教官说了一句话："你们觉得我长得怎么样？"此言一出，大家都乐呵呵地发言。有的说教官长得帅，有的说教官长得一般。

接下来，教官说道："做人要真诚，不能光顾拍马屁就说假话，那些说我帅的人，请出列。接下来，我要罚你们在操场上跑5圈。"于是，刚才拍马屁的人不吭声了。因为教官明明是一个长得很一般的人，你却夸他长得帅，他岂不是很生气？

在职场上，每个人都喜欢听赞美自己的话，老板也不例外。但是如果赞美得体，当然会讨老板欢心。如果你的赞美名不副实，他就会觉得这话是讽刺，是你在拍马屁，这样的情况下，只能引起老板的反感，反而会让你因为此事而吃亏。

美国著名的心理学家威廉·詹姆斯说过这样的一句话：人类在本性上最深的企图之一是期望自己被赞美、钦佩以及尊重。从心理学的角度来讲，赞美老板并没有错。要知道，虽然老板每天用严肃的面孔对着我们，可是在他们的内心深处，也是渴望得到赞美的。他们对赞美的敏感程度，并不亚于每一个员工。

如果一位下属对老板的赞美是发自内心发自肺腑的，他们有什么理由不接受呢？而且，那些善于赞美老板的员工，才是最聪明的员工，因为他们用几句真诚的话，就轻松博得了老板的好感。

日本著名的亿万富翁原一平说过这样的一句话，赞美是具有魔力的，它可以让一个普通人得到动力，成为斗志昂扬的人，而且它也可以让人与人之间的距离迅速拉近。

可能有的人会说，赞美老板不就是巴结奉承、捡好听的话来说吗？并非如此，赞美不是没有原则的奉承，它同样需要付出真诚，它是一种发自内心的真实感受。最关键的是，你一定要把这赞美的话说到老板的心坎上。这样，才能起到赞美应有的效果。

历史上曾经有过这样的一个故事。

曾国藩在镇压太平军的时候，花了很大的力气，但是效果并不好。有一次，曾国藩与大家在一起讨论军事上的问题，曾国藩自己说道，现在李鸿章和彭玉麟都是大英雄，而我呢，只是一个凡人。我生平最引以为得意的事情，就是我不爱听奉承话。接下来，有一位下属说道，其实只是各有所长而已，彭公勇猛，人不敢欺；李公精敏，人不敢欺。说到这里，他再也说不下去了。曾国藩显得有些不高兴。

就在这时，另外一位年轻的书生站了起来，说道，曾公仁德，人不忍欺。听了这句话，大家拍掌称赞。曾国藩自己心里也美滋滋的。后来，曾国藩特意打听这个书生的身世和来历，并且委派以扬州盐运史的重任美差。这个书生只是因为一句赞美的话，就让曾国藩如此受用，而且还得了一份美差。

这样的一句话，换来自己的仕途发达，可以说，这位书生的赞美发挥了巨大的作用。曾国藩并不是不爱听赞美的话，只是他想听的赞美的话，必须要讲到他的心坎上。比如说，他向来以仁德自许，此时书生夸他仁德，那岂不是正合他的心意？

由此可见，这拍马屁与赞美之间，仅隔着一条分界线。如果你是拍马屁，首先就带了几分虚假和功利性，听起来就不像真的，让人感觉非常不舒服，就像吃多了糖，会觉得很腻，再想吃也吃不下去，而且还会让胃口变得更坏。

相反，如果你为人真诚，说出的话虽然是在赞美对方，但是说中了对方的心思，让人明白你是真情一片，此时的话，往往会更加动听，让人听了心里感到非常开心，这样的话，才是老板真正爱听的话。

作为员工，如果说话的时候能说到老板心里去，不仅可以有效地拉近与老板之间的距离，而且对老板还能起到鼓励的作用，千万不要忽视这一点。著名的作家马克·吐温曾说过这样的一句话："仅凭着一句赞美，足足可以让我高兴两个月。"

我们为什么不送上一句赞美，让老板高兴两个月呢？哪怕就是让老板高兴一天，对我们也没有什么坏处吧，而且赞美的作用还有很多，它会让老板变得轻松起来，还能让老板对工作充满信心，对自己充满自豪感，对公司的发展寄予厚望。如果你的话真的达到了这个目的，老板高兴了，对你也没有坏处吧，我们何乐而不为呢？

　　杜娜曾在一家外资企业任职。有一次，老板做出了一项非常出色的策划，当时很多下属都在夸老板。大家赞美的话无非是这个策划简直就是天才之作，我从来没有见过这么优秀的创意，老板才华太让我佩服了等。只有杜娜的赞美与众不同，她指出了老板策划的细节中，哪些是出色的闪光点。这样一来，老板极为开心。他最值得骄傲的地方，就是这些闪光点，而杜娜夸的恰好是他最得意的事情。事后，老板将杜娜视作知己，委以重任。

　　杜娜的经历告诉我们，夸老板也是需要有技巧的。没有原则和目的的乱夸，根本没有什么效果。那么，我们如何来掌握自己的措辞，让自己对老板的赞美恰如其分呢？

　　首先，我们分析一下，老板值得赞美的闪光点在哪里，不要泛泛而谈，没有重点地乱夸一气，根本没有任何的效果。我们要先对老板进行认真的品评，然后找出真正出色的地方，有感而发，有目的地去夸，老板才会领会到你的真诚。

　　其次，我们要做到不愠不火，不要过分地夸大其辞，否则有可能会被老板当成讽刺，让你没受其利，反受其害。要实事求是地夸老板，真实地反应老板的水平。老板一定会视你作知己。

　　最后，我们还要注意及时与老板取得沟通。想夸老板又不了解老板，再好的词也没有了用武之地。所以，必要的沟通也是很重要的。

　　当你了解了老板的性格，了解了老板的想法，了解了老板的优点，那么夸起他来岂不是信手拈来。这样的赞美，相信每一位老板都会受用。赞美得好，会迅速得到老板的重用与赏识，获得老板的信任，从此之后，升职加薪指日可待。

▶▶▶ | 思 考 |

　　1. 你会主动赞美你的老板吗？为什么？

　　2. 你身边有擅于"拍马屁"的同事吗？他们的职场生活和你有无区别？请简述。

进谏有妙招，忠言也别逆耳

　　每个老板骨子里都需要别人尊重他的权威。无论他嘴上多么客气，言行多么平易近人，我们在讲话的时候，一定要对他表现出一种恭敬的态度。所以，我们在给上司或老板提建议的时候，一定要把伤人和冒犯尊严的话巧妙地进行包装，委婉含蓄地讲出来。

　　一说到忠言，很多人提到了逆耳两个字，好像只要是进谏提反对意见的，就会让人感到不愉快和紧张。当然，生活经验告诉我们，即便我们坦率地给别人提出意见，也很容易招致别人的怨恨，也很难受到欢迎。从心理学的角度来讲，每个人都有强烈的自尊，多多少少都有爱面子的人，每个人都希望受到表扬而拒绝批评，骨子里是不爱听"直言"的。

　　讲到这里，可能有的人会说，如果明知道别人有过失而不及时批评纠正，这从根本上来讲，不是相当于怂恿别人继续犯错误吗？

　　生活中，我们都有这样的生活常识。比如说，当医生给病人动手术的时候，往往会提前给病人打上麻药。如果不打麻药就实施手术，这种痛苦想必很多的人很难承受。毕竟在现实生活中，像关公一样，可以忍受刮骨疗毒一样疼痛的人，毕竟很少。当我们知道别人有错误或者过失，不妨也实施一种"无麻醉手术"，因为当你言辞激烈的时候，很可能还会加剧对方的错误，从而让对方产生一种抵抗的心理。因此，我们不妨采用一种"麻醉术"来解决问题，让批评在轻松愉快中进行，从而收到"直言"所不能收到的效果。

　　从本质上来讲，如果说话委婉一些，让语言再含蓄一些，不仅可以巧妙地表情达意，而且还能让对方听出弦外之音，而且又不必伤大家彼此之间的和气。这在进"忠言"的时候，是一个非常正确的选择。

　　三国时期，许攸拒绝率部归顺曹操，还说了许多谩骂曹操的话。本来曹操是准备镇抚关中之后，随即回师洛阳的。但是，许攸对曹操的态度这么恶劣，局势立刻发生了变化。群臣们纷纷劝曹操暂时用招抚的方法来对待许攸，但是曹操正在气头上，谁的话也听不进去，甚至为了避免下属们再多嘴，将一把刀放在了自己的膝盖上，这样一来，吓得群臣们谁也不敢再吭声了。

就在这时，留府长史杜袭却仍上前劝谏，曹操当时就骂道，你不可再胡言乱语。杜袭笑了笑问他，你觉得许攸是个什么样的人？曹操轻蔑地说，这个人只不过是一个凡人而已。杜袭笑着说，古语说得好，只有贤人才了解贤人，能人才了解能人，而您呢，是一位盖世英雄，英雄惜英雄，而许攸这样的凡人，根本不劳您挂心，更不值得您动怒。现在大敌当前，豺狼当道，你却要先打狐狸，人们会议论你避强攻弱的。这样的进军在别人眼中肯定会遭到耻笑。再者说了，如果是一个重量万石的大钟，不会因为小草棍的敲击就能发出声音，而小小的许攸，更不值得您亲自去征讨，不如我们用纳降的办法，劝劝他。

听了这话，曹操的心中舒服了不少，面子上也下得了台，后来，他果然听从了杜袭的劝告，用优厚的条件招抚对方，最后成功得到了许攸这员大将。

在我们的现实生活中，像曹操遇到的这样的事情还有不少。我们的身边就有很多的人，对于语言的驾驭功力非常了得，他们会灵活自如地运用多种表达方式，不断探索多种语言风格，有些话，非直言不讳不行。但是生活中，并非处处都需要说直白的话，这样的话容易伤到别人的自尊。

大家知道，有的药非常苦，但外面包着一层糖衣，就能将"苦"暂时封闭起来。我们在说话上也是同样的道理，忠言往往是难听的，但是我们可以包装一下，把话说得更能入耳，入心。

严修，这个名字估计鲜有人知，但是他算得上袁世凯难得的挚友。袁世凯再度出山之后，权势倾天。因为之前袁世凯落难的时候，严修一直在支持他。所以得势后的袁世凯一直想报答他。可是严修一直不肯接受，不愿进入政府做官，坚持以普通民众的身份，从事教育事业。

就是这样的老朋友，闻听袁世凯称帝的消息之后，进京来劝袁世凯。严修措辞严厉，语气间充满了痛斥与辱骂，像"窃国之贼""千古罪人"之类的词都用上了，袁世凯自然是没能听进去，不但没听进去，当时双方的气氛之尴尬可想而知。

作为旁观者，用现在的眼光来审视这段经历，严修虽然不在意功名利禄，但是由于不讲究说话的方式和方法，可能还是招致了对方的反感。万幸的是，当时凭借他与袁世凯的交情，还有对方的容人之量，他总算是逃过一劫。如果换别人，像严修这样凭着老面子来唱反调，脑袋都可能不保。

在上述事例中，说话方式不恰当甚至关系到了自己的身家性命。古今中外，莫不如此。我们知道，但凡居高位者，特别是各位老板，位高权重，周围顺着说话的人太多了，主意越来越正，逆耳的忠言，自然也就难以听进去了。一个人的位置越高，身边敢于说真话的人也就越少。因此，如果讲话不委婉，很容易招致老板的反感。

在我的职场生涯中，我不止一次看到，有很多下属向老板提出了好的建议，但是老板却充耳不闻，还有的人精心准备了好几个月的方案，因为说话的方式不恰当，被老板一句话就否决掉了。老板的视角通常是从大局来考虑的，他对公司的发展有整体印象，大致掌握每个部门的情况。而下属则只管自己本职的工作，因此从经历和能力上来讲，老板在听下属意见的时候，是带着一种居高临下的态度的。

因此，我们对老板直谏的时候，要表现出对老板的尊重。几乎每个老板骨子里都需要别人尊重他的权威，无论他嘴上多么客气，言行多么平易近人，我们在讲话的时候，一定要表现出一种恭敬的态度。

著名的商业领袖乔布斯，就因为一位下属在他发言的时候插嘴，被他认为是故意冒犯自己，然后他直接把这位下属请出了门外。这样一来，哪怕这位下属的建议再有价值，他也没有机会说了。

所以，我们在给上司或老板提建议的时候，一定要把伤人和冒犯尊严的话巧妙地进行包装，委婉含蓄地讲出来。

▶▶ | 思 考 |

1. 你给你的老板提过建议吗？用的什么方式？效果如何？

2. 如果你是老板，你喜欢员工用什么样的方式给你提出意见呢？

替老板圆场就是给自己"加分"

帮老板圆场，是一项极需要花费心思的脑力活。如果你说话不当，就好像拍马屁拍到了马蹄子上，很容易给自己惹来一身的麻烦。

职场如江湖，行走之时难免会碰到刀光剑影。有的时候，我们难免会看到老板尴尬的一面，比如与老板之间谈话到一半，成了僵局；或者大家正在开会的时候，某位同事的报告或者观点让老板拍桌而起，愤怒异常。如此一来，气氛就会非常尴尬。那么，如果你恰好在身边的话，该怎么打圆场呢？又如何打破这一僵局，替老板扳回几分面子呢？

常明在公司里担任老板的秘书。有一次，老板在主持会议的时候，让大家发表自己的意见。有一位同事大胆地说出了自己的想法，结果惹恼了老板，对他大加指责，一时之间，会场里鸦雀无声，没有一个人敢说话，气氛非常凝重，而老板和那位员工之间也非常尴尬。

就在这时，常明站了起来，及时地指出，这位员工中的某些想法与老板的部分主张是一致的，双方并不存在根本性的分歧。常明先分析了老板的想法，又罗列另一位同事的观点，例如"老板，你的想法有 A、B、C，而他的意见是 A、C、D，其实你们都认为 A 与 C 是可行的"，找出中间交集之处后，老板的气消了许多，那位同事脸色也略加缓和。接下来，常明秉着求同存异的想法，又讲了许多缓和气氛的话，很快，会议照常举行了。

事后，常明受到了老板的表扬。他很感激常明所做的一切，要不是他，估计这场会议肯定没办法再开下去了。

帮老板圆场，是一项极需要花费心思的的脑力活。如果你说话不当，就好像拍马屁拍到了马蹄子上，很容易给自己惹来一身的麻烦。古往今来，君子小人无不爱听好话，当老板十分懊恼或不快时，如果有旁人在他耳边说上几句得体的美言，便云开雾散了。

著名的才子解缙就非常善于替自己的上司圆场。比如，有一次，他陪自己的"老板"朱元璋去金水河钓鱼，整整一个上午一无所获。朱元璋十分懊丧，而且当着一众下属的面，感到极为尴尬。于是，他便命解缙写诗纪之。没钓到鱼已是够扫兴了，这诗怎么写？显然，这可是需要解缙来打圆场的。解缙不愧为才子，稍加思索，立刻信口念道："数尺纶丝入水中，金钩抛去永无踪，凡鱼不敢朝天子，万岁君王只钩龙。"朱元璋一听，非常开心。原本尴尬的气氛，因为他的这一首诗，立刻消散了。就因为他打了圆场，所以朱元璋对他更加赏识。可见，他的这个圆场打得实在是高明。

给老板打圆场，说白了就是给老板一个台阶下。当然，这个台阶怎么个给法，也是有讲究的。

公司开会的时候，老板在正在讲话，突然手机响了。当时，老板并没有听清楚这声音是哪发来的，立刻发火说道，我讲过多少次了，开会的时候，一定要把手机调成静音模式。可是他的话音刚落，突然有人提醒，老板，可能是您的手机在响。一时之间，老板无比尴尬，只得掏出手机一看，果然是自己的手机在响。

当时，所有的下属们想笑又不敢笑，而老板自己接电话也不是，不接也不是，偏巧在这个时候，不知道谁为了给老板打圆场，在一旁说了一句，老板，您接电话呀。老板气呼呼地将手机摁断说，我说了开会不让接电话，这规定要是连我自己也不遵守，怎么管别人？

可想而知，这位下属立刻成了出气筒，老板训了对方一顿，最后还是没有接电话。如果当时他不接那一句，老板兴许也不会把火气发在他的头上。由此可见，打圆场也并不是一件容易的事情。千万不要急着给老板台阶下，帮老板打圆场，反倒把自己给搭进去。一旦我们遇到这种情况，因自己失误而提罪了老板，造成不好下台，最聪明的办法是：多些调侃，少些掩饰，用调侃自嘲之法，低调退出，便容易轻松地摆脱尴尬。

当然，帮老板打圆场的时候，确实需要我们多想办法。要给自己找个台阶，所有的好方法有一个共同点：都要在窘境中及时调整思路，选择一个巧妙的角度，改变眼前的被动局面，想方设法争取主动。具体来讲，可以参照以下几种做法：

1.阴差阳错时，帮老板进行巧妙的解释

有时某种行为在特定场合中虽有着特定意义，但是帮忙打圆场的人为了化解，却巧妙地解释为另一种意义。

戈尔巴乔夫访问美国，在赴白宫出席里根送别宴会途中，他在闹市遇到了堵车。当时，他下车向行人握手问好。但是保安人员为了保护他的安全，却命令站在一边的行人把自己的手从口袋里掏出来。因为他们认为这个行人的口袋里有可能藏有武器。当时的气氛非常尴尬。

而就在此时，有位下属打圆场说，保安人员的意思是让人们把手伸出来，同戈尔巴乔夫握手。这样一来，气氛立刻从尴尬变成了热烈。人们亲切地同他握手，大家都夸他有亲和力。我们不妨加以借鉴，以这种方法来帮老板打圆场。

2.遇到矛盾时，巧妙避开锋芒，用假设来描述问题

在一些特定的交际场合，有的人碍于面子，对时机的把握不准确，此时不容易打圆场，我们不妨采用假设句子去表达。

当然，所有打圆场的方式都不如事前做好准备工作、避免僵局的方式来得有效。在与老板打交道之前，最好先进行预演，设定好讨论议题的顺序，这样一来，就算是遇到老板突然发生"意外"，也有准备，不至于失去很好的表现机会。

▶▶▶ | 思 考 |

1. 常明的故事给你带来哪些启示？

2. 你有过替老板"圆场"的经历吗？结果如何？

09

不踩老板底线：

想学老板的真本领就别犯这十大禁忌

禁忌一：爱跟老板勾肩搭背，称兄道弟

即便你能力出众、才华横溢，与老板的交情不浅，但是公司是老板的，不是你的。当你打着"免死金牌"的名号，去帮老板做主，享受只有老板才能拥有的权力时，你离危险就越来越近了。

无论在哪一家公司，都会有那么一两个可以跟老板"称兄道弟"的人。这些人一般工作能力比较突出，或者跟随老板的工作年限比较久。但是与老板"勾肩搭背，称兄道弟"并不代表就拥有了"免死金牌"。

试想一下，有哪个老板喜欢有人在公司里与自己平起平坐，替自己拿主意呢？即便你能力出众、才华横溢，与老板的交情不浅，但是公司是老板的，不是你的。当你打着"免死金牌"的名号，去帮老板做主，享受只有老板才能拥有的权力时，你离危险就越来越近了。

张玉华是和老板一起创业的老员工了。当时公司只有三个人的时候，他就是其中之一。这些年来，随着公司的发展壮大，公司里的人越来越多。张玉华又身兼要职，因此他经常主动地替老板分担一部分管理事务，而正是由于这些行为，才引起了老板的不满。

有一次，张玉华要带几名新人到周边的一个城市谈判，便跟老板说："您看，我们6个同事今天要出去，坐火车或者长途客运汽车都不方便，人也受累，会影响谈判效果；打车呢，一辆坐不下，两辆费用又太高。要不这样，我派一辆车去！"老板说这件事自己再考虑一下。结果没等老板说出自己的决定，张玉华已经让公司的司机开着车过来了。眼看着大家都上了车，老板也不好说什么，他总不好意思当着所有人的面，把那些已经上车的人喊下来。但是老板却把这件事记在心里决定找个机会教训一下张玉华。

此后不久，张玉华又越职行事，替老板做主留下了一位客户的礼品，老板再

也受不了了，他终于发起脾气来，让张玉华把礼物退回去。此后，两人的关系越来越僵，最终无奈之下，张玉华离开了公司。

在这个故事中，张玉华犯了一个致命的错误，那就是：说话、办事越位了。在老板手下做事，遇事不能以自己的想法为主，要清楚谁才是真正当家做主的人，要善于领会领导的意图，多与领导沟通，以保证双方想法的一致性。当你和老板称兄道弟的时候，在潜意识里，你已经把自己放在了和老板同等的地位上。你觉得这是在和老板拉关系，而事实上，恰恰相反。

所以，我们必须清醒冷静地认识到这一点。与老板相互之间称兄道弟，表面上是拉近了彼此的距离，其实已经触犯了老板的禁忌，让老板对你有了提防的心思。

高思丽原本在一家美容店里当服务员。她和老板情同姐妹。当时，美容店只有几个人的时候，老板就和她的关系不错，每每有什么事情征求她的意见，她都会积极地表示，自己愿意听老板的。事实上，高思丽一直都很清楚自己的地位。

前不久，老板又开了一家分店，让她去当店长。虽然在一定程度上，她可以做主，但是每当遇到大笔的开支或者重大的决定时，她还是会向老板请示，这样一来，老板就更加放心地将自己的店交给她打理。

无论你和老板的关系有多么好，首先你要记住，公司毕竟是老板的，而不是我们自己的。对于工作中实质性的问题，应该由老板表态，如果老板对工作还没有说出基本的态度，自己一定不能抢先表明态度，以免造成喧宾夺主之势。

▶▶ **| 思 考 |**

1. 张玉华和高思丽的故事给你带来了哪些启示？

2. 工作中老板是否与你"称兄道弟"过？你是如何应对的？

禁忌二：爱掺和老板家的私事

作为下属，老板的私事就是一个禁区，千万不要轻易涉足。

在现实生活中，很多老板喜欢把家中一些事情交给自己的下属去做。甚至一些家里的私事，都交给下属们去办理。也许有人会说，帮老板办私事挺好的呀。这说明老板信任我们，不把我们当外人。是的，如果我们偶尔帮老板办一些私事，无可非议。但是，如果我们掺和进老板家的私事中，会出现什么样的结果呢？

王玲是一家公司的财务人员。有一次，她正在工作，老板的夫人气势汹汹地闯了进来，说要查一下公司的财务报表。当时王玲想，她是老板的夫人，也不是外人，就让她查了，而且她还帮忙打印了许多财务报表。此后不久，王玲受到了老板的指责。

原来，最近一段时间，老板和自己的夫人正在闹离婚。老板的夫人来公司，就是为了调查清楚公司的财务状况，为财产分割做准备。这样一来，王玲就相当于帮助老板夫人置老板于不利的地位。王玲不但没有意识到自己不应该参与到老板的家事纠纷中，甚至仗着自己比老板大几岁，以长辈人的身份劝老板与妻子和好，不要离婚，气得老板当场让她离开公司。

在上述事例中，王玲的做法显然欠妥。俗话说，清官难断家务事。一个下属，如果贸然去触犯老板的"私人领域"，无疑是对老板权威的一种侵犯。当然，如果老板让你代办一些私事，这无可非议，但是这只是被动的一种安排，我们做好就可以了。如果你主动地去掺和，那就是另外的一件事情了。

苏雪在一家外资企业任职。她是老板贴身秘书兼司机。不久前，老板向法院提起了离婚诉讼，夫妻二人为了争夺孩子的抚养权闹得不可开交，她烦躁地向苏雪征求意见，自己该如何做才能征得抚养权，她不想放弃自己的孩子……

老板与苏雪聊了很多"私房话"，苏雪却只是客气地应对，并没有深入的探讨某个问题，更没有说一些对老板丈夫不敬的话。时隔不久，老板的丈夫主动道歉并且讨好老板，夫妻二人重归于好，打离婚官司的事情也撤诉了。苏雪心想，幸亏自己当初没有掺和对方的家事，要不然，此时倒霉的还不是自己？没准在老板的眼中，自己就变成了一个爱搬弄是非的人。

老板家的私事，多与其个人的情感生活有关系。比如说，他和父母的关系与情感，他与爱人的关系与情感，与孩子的关系等。作为一个局外人，我们并不了解其中的要害，更不明白老板的感情是如何的。更何况，感情本身就是一个主观的，很容易发生变化的事情。所以，把自己卷到这种是是非非、不确定因素太多的漩涡中，确实不是一件什么好事。

前不久，有本纪实版的杂志上就刊登了一则这样的例子。有一位女秘书，喜欢替老板安排一切私事。比如说，每到情人节，或者夫妻结婚纪念日，秘书就会替老板选好礼物，然后派快递给老板夫人送去。有她的"帮助"，老板夫妇感情一向很好。一开始老板感觉她的"热心安排"还不错，就没有阻止她。可是有一次，老板计划出去旅游，委托她订一间双人海景房，这位女秘书在订完房间后，像以前一样自作主张地打电话通知了老板的夫人，请她确认时间，结果老板家发生了一场"大战"。

原来，这间房并不是老板为自己和妻子出去度假订的，而是给自己刚刚认识的情人订的。这样一来，老板的情事就曝光了，秘书也因此事被扫地出门。

抛开老板的不道德家庭观念不谈，单说秘书的行为，已经从履行自己的职责，变质为掺和老板的私事。

无论你的想法多么大公无私，多么为老板着想，都不要自作主张，过多地掺和老板的私事。作为下属，老板的私事就是一个禁区，千万不要轻易涉足。哪怕偶尔在老板的安排下涉足了，也要花费一番心思，能少掺和就少掺和，以免卷入对方的是是非非的漩涡中去。

| 思 考 |

1. 王玲和苏雪的故事给你带来哪些启示？

2. 你有过掺和过老板"私事"的经历吗？请分享一两个真实的故事。

禁忌三：到处说老板犯的错

　　人非圣贤，孰能无过。老板也是这样。老板做错了事，他自己未必就不知道。只不过说出来是一回事，不说出来是另外一回事了。作为下属，你非得把老板的错误大声嚷嚷地尽人皆知，只能说是一种莽撞，而不是勇敢。

　　郭安在一家房产中介公司工作。有一次，老板让他办理一起房屋出售的手续。郭安发现，这套房子的手续不全，如果贸然挂到中介出售，很容易引起法律纠纷。当时郭安心理窃喜，老板也能犯这么"低级"的错误，他没有考虑其他，在会上直接就指出了老板的"错误"。同事们纷纷议论，老板的头脑真是有问题，这么简单的错误都会犯，手续不全的房子都可以出售…… 这些话传到老板的耳中之后，他大为光火。自己当时没有审看手续，是自己的疏忽，可是郭安也不能让自己在集体会议上当众出丑啊！这以后还让自己怎么在公司发号施令？于是，此后不久，老板就借故让郭安离开了公司。

　　郭安的行为告诉我们，老板的过错，是不宜当众指出来的。老板犯了错，我们可以委婉地在私下指出，老板没准还会心念我们的办事能力强而大大地赞赏我们呢。不同的人，会有不同的选择，造就了不同的职场命运。

　　安小丽的职场之路走得颇为不顺，兜兜转转两年多，换过十多家公司。目前新工作刚入职不久，她又被老板辞退了。别人询问她的辞退理由，她自己是这样回答的："我这人工作兢兢业业，什么事都好商量，唯独有一点，我绝对受不了冤枉气！"再一追问，原来是，有一次老板在给客户发邮件的时候，出现了错误，把客户的姓氏搞混了。客户投诉的时候，是安小丽负责处理的。安小丽直接找到老板，不由分说，毫不客气地指责了老板一顿。老板在众目睽睽之下，为了顾及自己的面子，硬是把责任都推到安小丽的身上，故意大声嘱咐她："下次注意，别犯这种低级错误了！"安小丽惊呆了，气得当场就哭了起来。她大声地嚷嚷，搞得整个公司的人都知道了。这件事情发生之后不久，老板就让她卷铺盖走人了。丢了工作虽然令人郁闷，可是安小丽不仅不吸取教训，反倒认为自己没错。她梗着脖子，像斗架的小公鸡一样，不服气地说自己是一个有原则的人，绝对不会忍受一点点委屈。

在这件事中，抛开个人的尊严先放在一边不提。且说安小丽的做法，她刚开始发现是老板犯错的时候，处理方式过激，从而引起老板的不满。如果换一种方法，事情可能就不会是现在这种样子。如果当初安小丽主动帮助老板处理善后工作，而且在事后向老板提议，以后在老板发邮件前，帮老板检查地址，以免再出现类似的错误。这样的话，难道老板还会和她吵起来吗？安小丽的做法不是在坚持自己的原则，而是缺乏容忍度，同时缺乏足够的处理事情纠纷的合理手段和方法。

相反，苏迪的做法则明智得多。有一次，老板明明忘记把一份极其重要的材料按时发给她，却责备她不事先提醒自己。苏迪马上向老板承认是自己失误，接着委婉地表示，如果老板以后需要她提醒做的事，她可以在备忘录上做好备注，并及时提醒老板。苏迪的话得体而巧妙，让老板心领神会之际，也意识到自己错怪了对方。事后不久，老板竟然私下向她道歉。这在别人看来，真是绝无仅有。

苏迪的做法，既让自己保住了饭碗，又保全了老板的面子。很多人遇事总喜欢和老板吵，但其实，再凌厉的攻势，再嚣张的语言，可能只会让你嘴上过瘾，等你把老板训得丢盔卸甲、缴械投降、颜面尽失的时候，你又会得到什么好处呢？显然，这是一个两败俱伤的结局。

老板终究是老板，面子和威信对他们很重要。对于简单的错误，我们根本没有必要指出来，因为他们会清楚自己做错了。只是他们不能在下属面前承认。

对于老板没有意识到的错误，我们可以在事后委婉地提醒对方，或者在无他人在场的时候，悄悄指出。

有段顺口溜跟大家分享一下：老板绝对不会错。如果老板有差错，一定是我看错；如果真是老板错，也是因为我的错才导致老板的错；如果老板真的错，只要他不认错，就是我的错；如果老板不认错，我还坚持说他错，那是错上加错；总而言之，老板绝对不会错这句话绝对不会错。

> ▶▶ | 思 考 |
>
> 　1. 安小丽和苏迪的故事给你带来哪些启示?
>
> 　2. 如果老板犯错了，你会怎么做? 请简述具体应对方法。

禁忌四：整天把加薪挂在嘴上

在职场中，我们努力工作，就是为了换取升职和加薪的机会。薪水对我们而言非常重要，我们要靠它来维持基本的生存需要。我们每个人都渴望加薪，但是，如果整天把加薪挂在嘴上，又会怎么样呢？

乐刚最初进入公司不久，就向老板提到了加薪的事情。可是老板觉得他年轻资历浅，又没有做出什么出色的业绩，没有加薪的必要。而乐刚却没有意识到这一点，为了达到加薪的目的，他乐此不疲，不仅时不时地向老板嚷着要加薪，最后干脆把自己工作用的电脑的桌面都换成了"李嘉欣"的头像。当同事们问他原因的时候，他竟然得意洋洋地说，李嘉欣就是"要加薪"的意思呀！

事后，老板觉得实在是气不过，找了个机会对他说，如果你实在不满意现在的报酬，请你自己选择离开，我也不会留你的。见老板态度坚决，乐刚也实在不好说什么，尴尬的他只得找了个理由辞职了。

试想一下，如果整天把加薪挂在嘴上，老板就会怕你了吗？错！他只会更加烦你！相反，如果你能用一些巧妙的办法来提加薪，也许老板反倒会同情你。说不准，会因此而给你加薪。我们来看一则笑话，兴许你能从中受到启发。

有一个职员对他的老板说，"现在有三家公司找我呢！"老板以为当时有别的公司的人要挖他跳槽，忍不住好奇地问是哪三家公司。职员说道，是电力公司，电话公司还有煤气公司。老板立刻就被逗乐了。因为他分明是在讲自己的钱不够花，欠了电费、话费还有煤气费。确实，这个笑话让人在开心之余，忍不住感叹，物价飞涨，股市下跌，楼价上扬，存款缩水……这么多的事实摆在面前，加薪，委实是我们不得不提的一个要求。

加薪也是一门技术活。有的人善于工作，但并不善于提加薪。比如说，李晓就是如此，她从小就受到的教育，她根深蒂固地认为——领导不喜欢提加薪的员工。

在她的工作经历中，加薪的情况几乎都是老板主动提出来的。她所经历的公司大都有自己的规范和考评制度，只要你工作干得好，老板就会主动给你加薪。可是她到了新公司后发现，老板根本没有给她加薪的意思，无论她干得多出色，老板也只是轻描淡写地回答一句，嗯，干得还不错，从来不会主动涉及加薪之类的话题。

渐渐地，李晓感到不公平，自己现在每个月有 20 多天在出差，周末经常被工作挤走。但月薪仅仅是 5000 元，远远低于同行业的标准，这样的付出和报酬严重不成比例。李晓私下抱怨过、纠结过，甚至也幻想着哪一天自己会突然勇敢地敲开老板的门，大声问老板，我工作这么辛苦，难道你看不到吗？可冲动被惯性和恐惧打败，最后只好选择辞职走人。

无论是整天嚷着让老板加薪，还是始终不提加薪的事情，都不是什么明智的选择。通常来讲，加薪也是需要一定的技巧的。没有技巧地主动谈钱，会让老板误会你的工作原动力是钱；但另一方面，如果你单纯地希望领导看见自己的努力，主动给自己涨薪，这样的想法，也是不切实际的。

事实上，想加薪的人并非少数，据智联招聘的一项年底调查显示，9 成人有强烈的加薪愿望，并且从工作态度和表现上来说，他们觉得自己具备加薪的资格，但究竟有多少人提出加薪呢？据调查结果显示，近 5 成人处于犹豫状态，他们一直张不开口；3 成人考虑到公司的大环境，干脆认为自己加薪无望；最后，仅有 1 成人真正跟老板提出了加薪请求。

那么，如何向老板提出加薪呢？

首先，我们得拿出最有价值的东西，比如说，我们在跟老板谈加薪的时候，在开明的老板看来，你是一个值得加薪的人，而且提加薪的时候，比较自信，业绩比别人做得好，这样的情况下，老板不给你加薪都觉得简直对不起你。

其次，老板是否答应员工的加薪请求，考量很简单：这个人是不是有不可替代的功能？如果是，舍你其谁？多花钱也值。如果你的职位一般，表现一般，还是不要天天嚷着要加薪为好。否则的话，身为老板，必然会精明地计算人力成本，相对清晰地判断一个员工的价值和价格。如果他觉得你不值得加薪，反而还会迁怒于你。

最后，千万不要不看场合就提加薪。老板喜欢的是有能力的人，而不是那些喜欢讨价还价的人。你拿着工作业绩找他谈加薪，远比你在没干活之前嚷着让老板加薪好得多。

薪水是个人能力的体现。你觉得自己做得比别人高效、优秀，再给老板抛出这个"球"。如果员工的加薪要求比较合理，而且业绩能力也很强，老板通常是不会拒绝你的加薪请求的。而如果你工作能力平平，还总是将"加薪"挂在嘴边，很可能"加薪"不成，反蚀一把米。

｜思 考｜

1. 你有过主动向老板提加薪被拒绝的经历吗？你是如何应对的呢？

2. 如果你是老板，你会不会主动给员工加薪？为什么？

禁忌五：在老板背后嚼舌头

在老板背后嚼舌头，对于员工和老板之间的关系而言，具有很严重的危害性。可能有的人会说，我说的话又没有当着老板的面，他怎么会知道？世间没有不透风的墙，你自以为背着老板说话，可是隔墙有耳，兴许看似无关的一个人，就和老板有着密切的关系。

左小明的工作主要是负责整理客户资料。有一次，他在和同事们聊天的时候，抱怨老板给自己安排的工作太枯燥无味，没有任何挑战性。接着又说老板不懂得慧眼识人，把自己这个名牌大学生放在这个位置上是大材小用了。

当时，有一位同事把这些话记在了心里，又讲给了另外一位同事听。结果这话一传十，十传百，很快传到了老板的耳中。可是经过同事们的口口相传，左小明的话传到老板耳中是已经成了另一个版本——左小明说老板有眼无珠。老板听后震怒不已，时隔不久，公司裁员的时候，左小明就排在第一位，老板解聘他的理由就是不安心工作，爱议论别人是非。左小明收到辞退通知，后悔不已。

左小明在老板背后议论的这些话，本是无心之语。可是别人未必会这么认为。也许有的人会认为左小明这是故意为难老板，根本就没把老板放在眼里。事实上，老板听到这些话的时候，有的话早已经改变了原来的内容，甚至一片鹅毛的事情，就能传成一只鹅。即便当初我们说的不是老板的坏话，甚至并不是针对老板的，结果也是很难预料的。兴许经过传播者的添油加醋，它会变得与老板有关系，甚至扯上很大的关系。

曾经有一位旅美学者讲过这样的一件事。当他在美国的时候，在一家电子公司上班。当时，他无意中提起了一些关于老板的话题。结果同事很严肃地告诉他，不要对某个不在场的人说三道四。事后，这位学者再也没敢谈论老板的是非。在俄罗斯也是如此，人们都认为在背后议论别人的是非是一种不道德的行为。如果有某个人在背后议论老板的坏话，一定会招来同事们的鄙视。

事实上，在背后议论别人，是一种极具破坏力的行为，这种破坏力会伤害员工和老板之间的关系，有的时候，甚至会造成老板对员工产生很深的误解和偏见。而员工与老板之间的关系对一个职场人而言，有着极为重要的作用，如果造成了负面的影响，会让我们的职场之路走得磕磕绊绊。

可能有的人会说，我在老板的背后说话，说的是老板的好话，又不是坏话，这样难道也不可以吗？

吴娜就遭遇过这样的尴尬。有一次，她在前台经过的时候，看到有一份老板的快递，因为刚好她要去找老板谈事情，就帮忙将快递捎给了老板。老板当着她的面拆开了快递，里面是一件漂亮的衣服。吴娜觉得这件衣服非常漂亮，就把样式记在了心里。

没过几天，吴娜在和几个同事讨论购买新衣服的款式时，她无意间提起了老板网购衣服的事，她大赞老板买的衣服款式时髦，可是大家的关注点却不在吴娜的"赞美之词"上，而是把话题直直地对准了老板"网购"这一事件上。原来吴娜的老板平时很反感网购的东西，她比较推崇实体专卖店。现在被同事得知她从网上订购衣服，大家免不了冷嘲热讽地说上几句。

时隔不久，老板知道了这件事。于是把吴娜叫到办公室，警告她不要背后嚼舌头。因为那件衣服是她准备送给一位好朋友的。吴娜不知情就在背后胡说，让老板很生气。

从表面上来讲，吴娜似乎在背后夸老板有眼光，会买衣服。可是她的话还传递了别的信息。说者无心，听者有意，大家关心的不是衣服是否漂亮，而是网购这件事。所以，我们永远无法把控话题的发展方向，更没有办法控制住别人的思想。因此，还是少在背后议论老板为妙。

此外，一个人总喜欢在背后议论老板，自己的形象也会在大家的眼中打了折扣。大家知道你爱在背后议论别人，会对你产生戒心，这样的人是很难融入到集体中去的。我们与其把精力浪费在议论老板身上，还不如多下点功夫做好自己的工作，只有这样，老板才会更加赏识我们。

▶▶ | 思 考 |

1. 左小明和吴娜的故事给你带来哪些启示？

2. 你怎么看待同事间背后说"老板坏话"这一行为？

禁忌六：泼同事的"脏水"

　　在现实生活中，我们经常看到有的人以向老板打小报告为荣。他们暗中观察别的同事，如果发现同事有什么不对的地方，伺机向老板汇报。表面上看，自己是站在老板一边的，向老板的利益靠拢。但是，屡次这样做了之后，会在同事们的眼中变成一个"耳报神"。

　　陈志安是名牌大学的高材生，他毕业后应聘到一家公司。公司里有一位名叫刘凯的同事，性格内向，很容易产生一些悲观的想法。

　　有一次，他们一起去见一位潜在合作意向的客户，在开始之前，刘凯就悲观地说道："我感觉我们这次谈的这个项目，合作的可能性不大。"谁料在谈判桌上，两人据理力争，最后竟成功把这个项目谈下来了。

　　事后，陈志安向老板汇报的时候，刻意夸大了刘凯的那些悲观的话。原本以为，老板会把功劳算在自己的身上，顺便夸自己几句。谁料老板却极为赞赏地说了一句："这刘凯，分明是提前做好两手准备，用破釜沉舟的决心来干这件事情，你一定要向他好好学习。"

　　听完这话，陈志安愣了。这老板的思维方式，怎么和自己刚好相反呢？而且事后刘凯得知陈志安在老板面前讲了自己的坏话，感到非常不满。陈志安这样做，不仅得罪了同事，自己也没有捞到任何好处，还在老板的心中留下了不好的印象。

　　从陈志安的例子不难看出，在老板面前泼同事的脏水，不一定能收获预期的效果，而且有的时候，老板的想法可能与你刚好相反。你在老板面前说同事的坏话，或者讲自己对同事的意见，是一件损人不利己的事儿，自己也不会从中得到任何好处。

　　苏娟就是一个聪明的职场人。她和同事之间的关系处得非常融洽。有一次，老板让她谈谈对一位同事肖英的看法。苏娟就把肖英的优点简单说了一下，又谈了自己进入公司以来，肖英对自己的帮助和指导。结果老板觉得苏娟是一个懂得感恩，而且非常低调，容易与别人相处的人。

毫无疑问，苏娟很懂得职场哲学，她用低调和替同事美言取得领导的信任。如果她在老板面前讲同事的坏话，无疑会伤到同事，也会伤到自己。把面子留给同事，不在领导面前议论同事的是非，你就会发现，自己的职场之路越走越宽。

此外，泼同事的脏水也并不能为你自己加分。在老板的眼中，并不是一个只会贬低别人的人才是好员工，那些泼同事脏水的人，只会招来老板的厌恶，这样的员工，是很难得到老板重用的。

可能有的人对此不以为然，觉得这样说有些大题小作了。可事实上，这样做的坏处有三点：

第一，老板会认为你这个人很麻烦，事儿多，不容易和别人搞好关系，从而影响到你在老板心中的形象。

第二，老板是非常忙的，他的时间非常宝贵。如果你把同事的事情说给他听，表面上老板不会说什么，但实际上他内心深处是非常反感的。无论你和同事之间的事情闹得有多么大，也没有老板本身处理的事情重要。在他的眼中，也许那就只是一些鸡毛蒜皮的小事儿，不会引起他的兴趣。而且通常泼同事"脏水"的事情，大多是负面的，老板听了，心情能好受吗？

第三，如果你任性地向同事"泼脏水"，就相当于给自己挖了一个坑，说不定因为你和同事之间的事情没有处理好，让老板觉得你这个人很无能。这样对你没有任何的帮助。

因此，我们不妨学聪明一点儿，不要去老板面前打同事的小报告。说不定哪一天，你"打小报告"的事情传到同事的耳中，那么你就会多一个"仇人"。而被"打了小报告"的同事就像是一包不定时的炸药，说不定哪天你一个不留心，就被这个炸药炸得粉碎。为了避免这种情况的发生，我们不妨与同事友好相处。

> **思考**
>
> 1. 陈志安和孙娟的故事给你带来哪些启示?
>
> 2. 你身边的同事或者朋友有喜欢背后"泼别人的脏水"的习惯吗? 与同事的关系如何?

禁忌七：总是跟老板顶嘴

每个人都是有情绪的，老板也不例外。如果老板心情不好，刚好赶上你的心情也不好，两个人吵了起来，那么结果将会怎么样呢？

王月就有过和老板吵架的经历。王月的老板是一个心直口快的人。有一次，王月把策划书交给老板，老板竟然用鄙视的表情看着她。接着，老板用讽刺的口气，一样一样地把策划书中的问题指了出来，竟然有二十多项。听了这话，王月立刻火冒三丈，她把策划书往老板的办公桌上一扔，然后说道，这是自己花费了两天两夜才写出来的东西。就算是没有功劳也有苦劳，现在你把它说得一无是处，有本事你自己写去吧！当时老板气得脸都变色了，他说，我只是提点儿意见，这都不行吗？王月听了，更不服气了，接着就和老板吵了起来。

结果老板一气之下，就拨通了人力资源部的电话，让对方立刻给王月办离职手续。王月此时才意识到，原来自己闯大祸了。她赶紧为自己求情，却无济于事。她只得接受了离职的事实。

王月的经历告诉我们，千万不要和老板顶嘴对着干，否则有可能会造成自己无法预料的后果。首先，我们要知道，老板是爱面子的。无论当时老板说得是对还是错，都不应该和他顶嘴。老板说得对，我们应该虚心接受。如果老板说得不对，我们可以耐心地向老板解释。因为即便老板说错了，他也不会向我们道歉，如果你能解释得让老板满意，那当然好。如果老板还是不满意，暂时理解不了，那你的态度也不要过于强硬。

老板批评下属，除了工作管理的必要之外，还有一种显示权力的意思。你千万不要在老板显示权力的时候，跑去顶他，因为这样无异于自掘坟墓。当面顶撞老板，会显得老板无能，似乎没有资格来管理你。这样的事情，老板当然不能接受。

实际上，被老板批评也不一定是坏事。我们应该坦然地接受。有的时候，老板批评你是为了你好，期待你取得更大的进步。如果你和老板吵架，反倒辜负了他的期望，还会让他感到伤心。如果你虚心地接受了老板的批评，那么老板不仅不会计较你工作中的错误，而且还会热心地指导你。他觉得你态度非常谦虚，会在心里想，这是一个可造之才，从而给你更多更好的机会。

接受老板的批评，就是吃了一点小小的眼前亏，可是那又如何呢？吃这个眼前亏，就是为了换取更大的利益，也是为了将来更加远大的目标。我们应该明白的是，在职场上和老板讲理是一件非常不容易的事情，也并不是什么事情什么时候都能讲理讲得清楚的。更何况，有很多的事情就没有对错之分，只不过是处理事情的意见不同而已。所以，当我们和老板有冲突的时候，不妨让自己吃一点儿亏。因为如果你不想吃这个小亏，将来你可能会吃更大的亏。

有一次，章炎差点跟老板吵起来。当时，老板让章炎去给客人买礼物。但是章炎当时正在忙，就没有理会这件事情。结果客人来的时候，礼物还没有买好，老板大发脾气。章炎意识到，如果自己和领导顶嘴，将会一发不可收拾，于是，他只好服软，对老板说，自己现在就去买礼物。老板的脸色才缓和下来。

后来，章炎又向老板道歉，终于让这件事平息了。事后，老板对他说，我平时对你不错啊，难道你感受不到？听了这话，章炎终于明白，其实老板还是很器重他的，只不过这件事办得没有让他满意罢了。

章炎的经历，显然是自我控制情绪的结果。当我们和老板交流沟通的时候，态度一定要好，语气一定要委婉，还要对自己有信心，鼓励自己，要确信自己的行为和想法是对的。先说服了自己，你才有可能说服老板，而说服老板之后，顶嘴的事情就完全可以避免。

此外，老板的话也一定记在心上，你有所改进，老板才会有成就感。不要以为老板是好惹的，多说一些有回旋余地的话，既给自己留了面子，也给老板留了面子，这样的结果，远比和老板顶嘴好得多。

|思 考|

1. 王月和章炎的故事给你带来哪些启示?

2. 你会跟老板顶嘴吗?

禁忌八：跟公司竞争对手走得太近

　　有的人会说，与竞争对手走得近也是自己积累人脉的一条途径。可是，你别忘了，当你跟公司的竞争对手走得太近的时候，很有可能会犯了老板的大忌。

　　张盈是一家服装公司的设计员。在一次时装发布会上，她结识了对手公司的设计员李玉。两个女人惺惺相惜，很快就成为非常好的朋友。她们会相约一起逛街，喝茶。如果碰上两家公司共同参加的聚会，她俩也会走得非常近。

　　时隔不久，张盈所在的公司推出了一款秋季的风之韵系列服装，而竞争对手李玉的公司也在同一时间推出了类似的系列。说来也巧，风之韵是张盈设计的，而对手公司的设计师则是李玉。老板很快发现，这两个系列的服装有很多雷同的元素。这样一来，销量一定会受到影响。

　　老板对此事恼火万分，他甚至怀疑是张盈故意把公司的设计秘密透露给了李玉，她就是公司里的"内奸"。虽然事后张盈一再解释，自己并没有向李玉透露相关讯息，但是老板根本就不相信她。此后不久，老板找了个理由把她辞退了。

　　上述事例中，张盈触犯了老板的禁忌。我们知道，每个人都有一个自己的交际圈，在这个交际圈之外的人，会让我们产生一种天然的疏离感。尤其是当双方的利益产生冲突的时候，更是如此。即便你没有做什么对老板不利的事情，也会在他的心中产生一种负面的作用和影响。这件事就像是悬着的石头，让他放心不下，让他产生忧虑，让他对你失去信任。

　　试想一下，如果有这种负面的情绪在里面，你还能和老板搞好关系吗？它只会让我们与老板的关系越来越僵，接着，还会产生一种新的力量，这种力量会推着你离老板越来越远。

　　老板可以在别的事上有容人之量，显得大度，但是面对竞争对手的时候，绝对不会大度。因为对敌人仁慈，就是对自己残忍，所以，老板一定不会对竞争对手客气。而如果你和公司的竞争对手走得太近，老板的眼中自然再也容不下你，这样一来，他就会想方设法逼你离开公司。

相反，如果我们注意分寸，事情自然可以有回旋的余地。也许很多人并没有注意到，在一个老板的心中，员工的忠诚度是他们要考察的重要方面。如果我们与公司的竞争对手走得太近，自己的忠诚度就会受到老板的怀疑。

惠普前一任的 CEO 卡莉·费奥瑞纳曾经说过这样的话："忠诚对我们来说是不可思议的竞争优势，但它需要你每一天都去争取、去保护。这是一个你每天都必须要争取的事情。你就是不能说那是想当然的事情。"显然，距离竞争对手远一点，是我们向老板表现自己忠诚度的一个机会。

丰田公司曾经发生过这样一个故事。一个丰田公司的员工，在他第一次正式约见女儿的男友时，就郑重地对未来女婿提了一个要求，他希望将来这位女婿及家人在购买汽车的时候，一定要买丰田的汽车。事后，这件事传到了老板的耳中，老板竟然安排机会专门接见了这位员工。试想一下，如果你本身是丰田公司的员工，你却购买竞争对手公司生产的汽车，老板会怎么想？当然不会高兴。这种行为，就是将自己的利益与公司的利益捆绑在了一起，同仇敌忾。这样的行为，当然是站在竞争公司的对立面，当然会符合老板的心理需求，他也会非常感动，因为他站在了自己的这一边，忠诚可嘉。

员工忠于老板最直接的行为就是站在老板的这一边，和老板高度保持一致，和公司成为一个共同体。一个人一旦成为某个公司的一员，就等于接受了该公司老板既定的规则、惯例、人际关系等。员工接受这一切，并将它们变成自己的立场。因此，我们不妨把"忠于老板"变成一种信仰和原则，远离公司的竞争对手，让老板放心，借此来提高老板对自己的信任度。

> **思考**
>
> 　　1. 当你跟公司的竞争对手结识的时候，你会如何处理彼此之间的关系呢？
>
> 　　2. 如果你是老板，你会如何处理员工与竞争对手间的关系？

禁忌九："高帽子"总一个人戴

在职场上，我们会因为工作出色受到夸奖、赞美，甚至吹捧。每当这种时候，如果我们贪功，把功劳据为己有，认为是自己应得的，那么一定会让老板觉得不舒服。因为没有人会喜欢那些"独戴高帽"的人。

林琳在广告公司工作。有一次她制作的一个广告短片获了大奖，在领奖回来之后，她非常得意，对着办公室的同事们吹嘘自己的灵感来得多么容易，自己在这方面多么具有天赋，她还讲了许许多多的事情来佐证自己的这一"结论"，唯独把当初支持她拍片的老板忘在了一边。

事后，这些话传到了老板的耳中，老板非常生气，心想这小丫头真是不知天高地厚，有点小成绩就把尾巴翘那么高。眼里就再也容不下别人了，真是太过分了。此后不久，当林琳再次拿着一个广告片的申请表请老板签字的时候，老板趁机向她提出了许多苛刻的要求，比如说缩减拍摄人员和工期，减少拍摄成本等。这样一来，林琳才意识到，离开了老板的支持，自己根本无法搞好自己的工作。

林琳之所以吃这么大的亏，最主要的原因是她没有及时地把荣誉拿来与老板一起分享，"高帽子"自己戴了，就显得她目中无人，不拿老板当一回事，甚至有几分轻视老板的意思。事实上，与老板一起分享荣誉是一种职场智慧。把"高帽子"送给老板戴，不仅显得你大方宽容有气量，而且还会给老板留下很好的印象。

高媛在一家电子产品公司上班，她负责新产品的研发方面的工作。有一次，新产品获了省里的一项大奖，高媛应邀去参加颁奖大会。在会上，大家让她谈一下工作经验的时候，她先把自己老板的支持放在第一位。时隔不久，这段会议讲话被录成电视节目在当地的市电视台播出。老板看到高媛在电视中对自己表示感谢，兴奋不已。此后不久，高媛的新项目在审批过程中，老板更是一路给她开了绿灯，给了她很大的支持。

高嫒确实很聪明，用几句表示感谢的话，就把"高帽子"送给了老板戴。这样一来，不仅双方的关系更近了一步，而且老板也会认为她是一个懂得感恩的人。

在老板看来，在职场中，尽管有时老板支持你是出于工作的需要，并不指望得到你的感谢，但是当你送"高帽子"给老板戴，向他说表示感谢的话，必定很受领导的喜爱。

可能有的人对此表示不理解。实质上，送高帽子给老板戴是一种分享与示好。美国职场心理研究专家发现，人在潜意识里倾向于喜欢对他表现友善的人，但"喜欢"的第一标准其实很肤浅，那就是"你对我的赞赏"。说得通俗一点，就是你说我的好话，夸奖我，赞美我，我就会喜欢你，欣赏你，对你有好感。相反，如果你碰到高帽子只给自己戴了，甚至当众表现出对老板的不满，那么老板就会觉得你对他是冷漠的，根本没有注意到他的存在。这种认识当然对你没有什么益处。

我们知道，一个人是不能够独自生存于这个世界上的，读书的时候，我们生活在一个班级里；工作了，我们生活在一个企业或机关或事业单位中。我们会和形形色色的人交往，包括同学、同事、上司、老板、社会公众等。这些人对我们的生活发挥着重要的作用，而老板对我们的工作所起的作用更为关键。当我们受到夸奖的时候，及时把老板推送到前面，老板会对你建立起一种信任的感觉。双方的关系也会因此而变得融洽。

此外，别人送你"高帽子"戴的时候，千万不要卖弄自己的得意之情。在老板面前一定要注意分寸，时刻表现出谦逊的态度，这样才能成全老板的自尊心和权威。

无论是生活中，还是职场中，说别人的好话，终会传到他的耳朵里。懂得分享，把"高帽子"送给老板戴，会让他对你喜爱有加，另眼相看，认为你是一个心胸宽广、心地善良、性情豁达的好下属，从而更加信任你。

▶▶ | 思 考 |

1. 林琳和高媛的故事给你带来哪些启示?

2. 如果你是老板,你会如何处理那些"独戴高帽"的员工?

禁忌十：把办公室当作你的"山头"

职业心理学家说，公司里小团体最初形成时，通常不会用利益划分敌友，这种特征在女性中尤其多见，女人会因兴趣相投、爱好一致产生共鸣走到一起，随即开始认同小团体的立场，从而维护小团体的利益。这样一来，老板在处理小团体中的一人的时候，很容易"牵一人而动全体"，从而给老板的执行力构成威胁。

在办公室中营造小圈子，除了给老板的管理执行带来影响外，对我们自己也没有什么好处。

大家都知道，没有永远的朋友，只有永远的利益。当两个小团体的利益发生冲突的时候，你热血沸腾为别人争取利益，有可能会成为另一个小团体的把柄。参与小团体并与另一小团体为敌，本身就是办公室大忌。作为老板有自己的立场，假如他器重甲小团体，反感乙小团体，而你恰好站错了队，那么你势必会成为老板的眼中钉。

原惠普公司 CEO 卡莉·费奥瑞娜曾说过这样的一句话："聪明的职场女性不屑于拉帮结派。"当然，男性也是如此。在职场上要当一个聪明人，就不要对任何一个小团体表现出过分的热情与兴趣，也不要自己主动去拉帮结派。

方欣在一家大型的食用油公司上班。他刚进入公司不久，就发现公司的同事们分成两拨：一拨是以孙主任为首的，还有一伙是以李杰为首的。当时，李杰对他不错，方欣就投入到了他麾下的小团体之中。

不久之后，李杰犯了一个非常严重的错误——他在给客户谈合作条件的时候，吃了大额的回扣，被老板查了出来，不仅责令他退回这笔钱而且还让他停职写检查。李杰认为公司对他的处理不公，于是故意鼓动小团体的人闹罢工。这样一来，老板就很被动。

为了维护"团长"李杰，方欣也和其他的同事一样同仇敌忾对抗老板。老板是个聪明人，一方面先稳住大家，另外一方面就又开始积极地招聘新人。很快，新同事陆续加入，没过多久，方欣和李杰这个小团体就被老板踢出了公司。

事后，方欣后悔不已，当初跟着一起闹的时候，并没有得到过什么好处，现在反而得罪了老板。如果当初他没有加入李杰这一伙，该有多好。但是现在后悔也已经晚了。

李杰的经历，值得我们汲取教训。其实即便李杰一伙取得什么好处，获得了"战争"的胜利，也许也只是暂时的。大家知道，你永远不知道"办公室政治"的胜利与主权握在哪一方。不过，有一点儿倒是非常明确，那就是老板永远是"办公室战争"的既得利益者。如果你站错了队，那就相当于得罪了老板。相反，如果我们不参与到"办公室战争"中去，就不会在他们的争斗中受到伤害。我们可在享受"和平"的时候，给老板留下一个安分守己的好印象。

米娜就是一个聪明人。她在一家化妆品公司任职。公司里有好几个小团体。她刚进入公司的时候，大家纷纷拉拢她，而米娜始终保持中立。这样一来，她反倒成为各个小团体争相讨好的对象。时隔不久，公司大区经理的位子空了出来。老板在考虑这个位子给谁的时候，几个小团体中富于竞争力的代表为此争得死去活来的。最后，老板决定让米娜来担任，因为只有她当大区经理，这几个小团体才能互相制衡。事后，大家都赞叹米娜的精明。

米娜不归属于任何一个小团体，正是她的聪明之处。这样一来，她就会少了很多的麻烦。所谓鹬蚌相争渔翁得利，也是同样的道理。更为重要的是，老板还会认为你是一个安分守己、踏实工作的人。

面对各个小团体的争斗，我们不妨冷眼旁观。可能有的人会说，这样做是有难度的。但是只要我们掌握好了交往的"度"，一样可以与他们和平相处——在确保自己利益不受损的前提下，试着向各个小团体提供一些"行业方便"，单打独斗可不是我们日常的工作模式。因为这样一来，大部分人都会对你敬而远之。只要发挥心思细腻的特点，不远不近地与每个同事处好关系，哪怕是不经意的一句赞扬，就能表明你的非敌对立场，迅速与其化敌为友。但要注意，不能拉帮结派，不能与某一小团体走得太近，即使作为表面上的朋友，也不要有太深入的往来，免得以后吃亏。

在日本企业中，很少有独立对立小团体的出现，全体员工都会去拥戴自己的老板。这样一来，公司就有了同仇敌忾、齐心协力的支撑点，这个公司才可能"长治久安"，成为百年企业，获得长远发展。

▶▶▶ │ 思 考 │

1. 方欣和米娜的故事给你带来哪些启示？

2. 如果你是老板，你会如何看待"办公室团体事件"？